# 网络安全防护与管理技术研究

袁雪梦　著

中国财富出版社有限公司

**图书在版编目（CIP）数据**

网络安全防护与管理技术研究 / 袁雪梦著 . —北京：中国财富出版社有限公司，2022.3

ISBN 978-7-5047-7677-8

Ⅰ . ①网… Ⅱ . ①袁… Ⅲ . ①计算机网络—网络安全—研究 Ⅳ . ① TP393.08

中国版本图书馆 CIP 数据核字（2022）第 048260 号

**策划编辑** 谷秀莉 **责任编辑** 邢有涛 刘康格 **版权编辑** 李 洋
**责任印制** 梁 凡 **责任校对** 卓闪闪 **责任发行** 杨 江

---

**出版发行** 中国财富出版社有限公司
**社　　址** 北京市丰台区南四环西路 188 号 5 区 20 楼 **邮政编码** 100070
**电　　话** 010-52227588 转 2098（发行部） 010-52227588 转 321（总编室）
010-52227566（24 小时读者服务） 010-52227588 转 305（质检部）
**网　　址** http://www.cfpress.com.cn **排　　版** 宝蕾元
**经　　销** 新华书店 **印　　刷** 北京九州迅驰传媒文化有限公司
**书　　号** ISBN 978-7-5047-7677-8/TP · 0113
**开　　本** 710mm × 1000mm 1/16 **版　　次** 2022 年 5 月第 1 版
**印　　张** 6 **印　　次** 2022 年 5 月第 1 次印刷
**字　　数** 70 千字 **定　　价** 68.00 元

---

# 前言

随着信息社会的到来以及互联网的迅猛发展，网络已经影响社会生活的各个领域，给人类的生活方式带来了巨大的变革。人们利用网络实现资源共享、进行电子商务等社会活动。人们在享受网络带来的便利的同时，网络安全问题也变得日益突出，例如，黑客入侵、网络病毒肆虐、网络系统损坏或瘫痪、重要数据被窃取或毁坏等。这些问题给政府、企业以及个人带来了巨大的经济损失，也对网络的健康发展造成了巨大的障碍。由此可见，网络安全问题已经成为一个组织贸易盈亏或生死存亡的决定性因素之一，成为网络技术领域的重要研究课题。世界范围内的各个国家、机构、组织、个人都在探寻如何保障网络安全，各相关部门和研究机构也纷纷投入相当多的人力、物力和资金来试图解决网络安全问题。

本书共三章，第一章对网络安全进行概括性描述，包括网络安全概述、计算机网络体系结构及网络安全主要技术、网络安全的发展等；第二章为网络攻击防范与漏洞分析技术，由网络攻击概述、TCP协议漏洞攻击与防范方法组成；第三章为网络安全管理，从网络安全管理的意义、安全管理思维、网络安全风险评估等几个方面展开。

目前，将网络安全防护与管理技术结合在一起的著作并不是很多，故而可借鉴的做法和经验不多，本书作了开拓性探索，力求整体思路清晰，语言严谨，内容翔实，同时伴随浅显易懂的举例对复杂的内容进行解释说明，使得全书无论是在广度还是在深度上都十分值得学习和研读。

笔者在本书的撰写过程中查阅和借鉴了许多文献，在书后笔者只列出了主要参考文献，对未列出的参考文献的作者在此一并表示感谢。鉴于笔者的经验及知识水平有限，写作过程中出现错误在所难免，敬请各位读者不吝指正，以使其不断改善。

袁雪梦

2022年3月

# 目　录

# 第一章

# 网络安全

以电子计算机、生物工程等新兴技术的发明和应用为标志的第三次工业革命以来，互联网技术的发展日新月异，互联网在给人们生产、生活等方面带来极大便利的同时，也带来了一些安全威胁和应用隐患。互联网是一柄双刃剑，合理利用互联网，能够给人们带来极大的便利；若将互联网应用在违法领域，则会造成严重的后果。

自从互联网在全世界普及后，网络安全防护时刻不能松懈。各国在多领域均采取了相关的网络安全防范措施。一旦网络安全方面出现问题，对各类用户而言，轻则损失数据文件，重则造成经济损失甚至更大危害，其后果不堪设想。例如，对个人而言，一旦网络遭到攻击，很多个人信息很可能会被黑客盗取，并被加以利用，这会对个人造成较大的影响；再如，企业网络遭到攻击后，企业财务信息极易丢失，这可能影响企业生存。因此，网络安全的有效防护十分重要。

## 第一节　网络安全概述

### 一、网络安全概念

网络安全是指网络系统的硬件、软件及其系统中的数据受保护，不因偶然的或者恶意的原因而遭受破坏、更改、泄露，系统连续、可靠、正常运行，网络服务不中断。网络安全从其本质来讲就是网络信息安全。广义来说，凡是涉及网络上信息的保密性、完整性、可用性、真实性和可控性等的相关技术和理论都属于网络安全的研究领域。网络安全是一门涉及计算机科学、应用数学、信息论等多种内容的综合性学科。

在现代社会，人们发现，无论是生活还是工作都已经离不开网络，从工作的角度，无论所在的公司规模有多大、地理位置如何，通常都会使用网络，而且一旦公司形成规模就更加离不开网络，例如，公司想要上市，就必须将公司的相关信息在互联网上公示，公司想要扩大影响力、增加企业效益，也要借助互联网。因此，网络安全是不容忽视的一个话题，一旦网络安全出现问题，就会给个人、企业带来危害。网络安全控制措施包括防火墙、资源隔离、加固系统配置、认证和访问控制以及加密等多种。各种网络设备（如交换机、路由器、防火墙等）应具备一定的冗余级别，以确保网络的可用性；要能识别各种网络设备的关键安全控制机制，了解这些控制机制失效的后果，并有效管控；可利用代理服务或Web过滤，阻止内部和外部直接连接；要及时为各种网络设备安装升级补丁以及经常校验设备的安全配置是否正确（或被修改了）；可在网络设备中禁用多余的服务，以及保护关键的服务；要进行正确的无线用户认证，以及无线局域网的入侵检测和异常追踪。

网络安全大体上可以分为信息系统安全、网络边界安全及网络通信安全。信息系统安全主要指计算机安全，包括操作系统安全和数据库安全等；网络边界安全是指不同网络域之间的安全，通常采用网络访问控制、流量监控等措施来保护内部网络不被外界非法入侵；网络通信安全是对通信过程中所传输的信息加以保护。

网络安全的目标是保护网络系统中信息的保密性、完整性、可用性、不可抵赖性、真实性、可控性和可审查性，其中保密性、完整性、可用性也称信息安全的三要素。

## 二、网络安全体系结构

网络安全体系结构是安全服务、安全机制、安全策略及安全技术的集合。

### （一）安全服务

X.800对安全服务做出定义：由通信开放系统某一层提供的一种服务，用于保证系统或数据传输可获得足够的安全。

RFC2828对安全服务做出了更加明确的定义：安全服务是一种由系统提供的对系统资源进行特殊保护的处理或通信服务。

### （二）安全机制

常用的安全机制有认证机制、访问控制机制、加密机制、数据完整性机制、审计机制等。

### （三）安全策略

所谓安全策略，是指在某个安全域内施加给所有与安全相关的活动的一套规则。所谓安全域，通常是指属于某个组织机构的一系列处理进程和通信资源。这些规则由该安全域中所设立的安全权威机构制定，并由安全控制机构来描述、实施或实现。

### （四）安全技术

安全技术是与安全服务和安全机制对应的一系列算法、方法或方案，体现在相应的软件或管理规范之中，如密码技术、数字签名技术、防火墙技术、入侵检测技术、防病毒技术和访问控制技术等。

网络安全框架是由网络安全专业机构制定的一套标准、准则和程序，旨在帮助组织了解和管理面临的网络安全风险。优秀的安全框架应该为用户提供一种可靠方法，以帮助其实现网络安全建设计划。对于那些希望按照行业最佳实践来设计或改进安全策略的人来说，这些框架是必不可少的工具。

当然，有些人或组织也会试图通过自己来保护数字资产，不过，其很快会为定义一种适当且有效的机制来响应每种威胁而苦恼。IT经理或安全部门基于多位行业专家丰富经验而建的某种主要网络安全框架，可以简化这棘手的任务。

大多数网络安全框架的主要制定目的是提升行业网络攻击防御能力。实现这一目标的手段是，充分利用框架准则，帮助哪怕是极小的组织实施强有力的安全控制措施。参与制定这些标准的专家通常是小公司无法接触到的，而网络安全框架使每家公司都可以从中受益。

网络安全框架还有一个目的是帮助组织符合监管法规。由于涉及商业和个人的数据泄露越来越频繁，监管机构陆续制定了安全法规，行业组织必须遵守这些法规。虽然这些法规可能因行业而异，但它们几乎都基于网络安全框架而设。一个典例是纽约州金融服务部的23 NYCRR 500，这是一套面向金融服务公司的网络安全法规，基于NIST（美国国家标准与技术研究院）网络安全框架而建。

## 第二节 计算机网络体系结构及网络安全主要技术

网络分布的广域性、网络体系结构的开放性、信息资源的共享性和通信信道的共用性使得网络存在脆弱性。如果网络脆弱性被恶意利用，将导致网络遭受来自各方面的威胁和攻击，从而从根本上威胁网络系统的安全。计算机网络的安全以及其防护是一个很重大的工程，相关研究具有长期性和复杂性。在使用计算机的时候，人们应该注意安装防火墙以及杀毒软件，定期对计算机进行杀毒，同时应该及时下载漏洞补丁程序，不断地探索计算机安全的有效措施，只有这样，才可以有效地实现计算机网络的安全。同时，在使用计算机的过程中，应提高自己的安全意识，不将自己的账号、密码和其他信息随便泄露出去，防止造成严重的后果。

### 一、TCP/IP 网络体系结构

层和协议的集合称为网络体系结构。目前，互联网事实上的标准是TCP/IP网络体系结构，如图1-1所示。

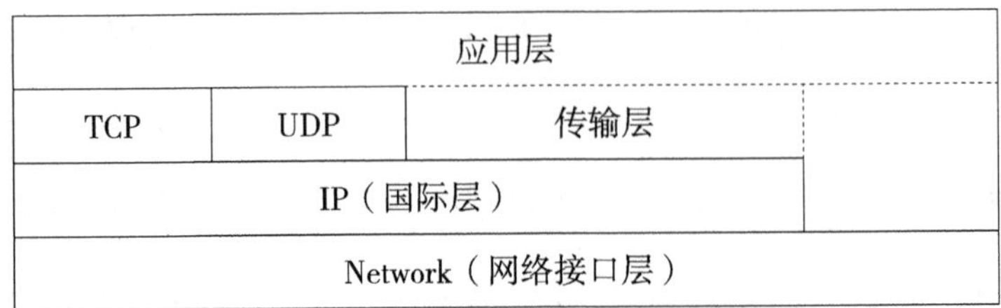


图 1–1　TCP/IP 网络体系结构

## 二、网络防护

### （一）防火墙

防火墙是监视网络流量的安全设备。它通过一组既定规则过滤传入和传出的流量来保护内部网络。设置防火墙是在系统和恶意攻击之间添加安全层的最简单方法。

防火墙设置在系统的硬件或软件上，以保护系统免受恶意流量的攻击。根据设置，它可以保护单台计算机或整个计算机网络。

1.软件防火墙

主机设备上通常已安装软件防火墙。因此，这种类型的防火墙也称主机防火墙。由于它连接到特定设备，因此必须利用相关资源来工作。它不可避免地要耗尽系统的某些RAM（随机存取存储器）或CPU（中央处理器）。如果有多个设备，则需要在每个设备上安装软件。由于它需要与主机兼容，因此需要对每个主机进行单独配置。软件防火墙的主要缺点是管理防火墙所需的时间较多。软件防火墙的优势在于可以在过滤传入和传出流量的同时区分程序，因此其可以拒绝访问一个程序，同时允许访问另一个程序。

2. 硬件防火墙

顾名思义，硬件防火墙是安全设备，一般指放置在内部网络和外部网络之间的单独硬件。此类型防火墙也称设备防火墙。

与软件防火墙不同，硬件防火墙具有资源，并且不会占用主机设备的任何RAM或CPU。它是一种物理设备，充当进出内部网络流量的网关。

在同一网络中运行多台计算机的中型和大型组织通常使用硬件防火墙。在这种情况下，使用硬件防火墙比在每个设备上安装单独的软件更为实际。

3. 包过滤防火墙

根据防火墙的操作方法来划分防火墙的类型时，最基本的是包过滤防火墙，也叫数据包筛选防火墙，它能连接到路由器或交换机的内联安全检查点。顾名思义，它通过传入数据包携带的信息过滤"功能"来监控网络流量。

4. 电路级防火墙

电路级防火墙是一种在OSI模型（开放式系统互联通信参考模型）的会话层工作的防火墙，它遵守TCP连接和会话规则。它的主要功能是确保已建立的连接是安全的。在大多数情况下，电路级防火墙内置在某种类型的软件或已经存在的防火墙中，像袖珍过滤防火墙一样，它不检查实际数据，而是检查有关交易信息。电路级防火墙非常实用，易于设置，并且不需要单独的代理服务器。

5. 状态检查防火墙

状态检查防火墙通过监视TCP三次握手来跟踪连接状态。这样，它可以跟踪整个连接——从头到尾——仅允许预期的返回流量入站。

启动连接并请求数据时，状态检查防火墙将建立数据库（状态表）并存储连接信息。在状态表中，它记下每个连接的源IP、源端口、目标IP和目标端口。状态检查防火墙可以动态创建防火墙规则以允许预期的流量。与无状态过滤器相比，状态检查防火墙可以执行更多检查，并且更安全。但是，状态检查防火墙检查跨多个数据包而不只是标头传输的实际数据，因此其需要更多的系统资源。

6.代理防火墙

代理防火墙通过转发来自原始客户端的请求并将其掩盖为自己的网络来保护网络。代理的意思是充当替代者，因此代理防火墙代替了发送请求的客户端。当客户端发送访问网页的请求时，代理服务器将与该消息相交。代理防火墙将消息转发到Web服务器，假装是客户端，这样做可以隐藏客户端的标识和地理位置，从而保护其不受潜在的攻击。然后，Web服务器做出响应，并将请求的信息提供给代理防火墙，再传递给客户端。

7.下一代防火墙

下一代防火墙（NGFW）是结合了许多其他防火墙功能的安全设备。NGFW会检查数据包的实际有效负载，而不是仅关注标头信息。

与传统防火墙不同，NGFW检查数据流通的许多内容，包括TCP握手，表面级别和深度包检查。使用NGFW可以充分防御恶意软件攻击等。这些设备非常灵活，并且没有明确定义提供的功能。因此，使用前需研究每个特定选项提供的内容。

8.云防火墙

云防火墙是用于网络保护的云解决方案。像其他云解决方案一样，它由第三方供应商维护并在互联网上运行。客户端通常将云防火墙用作代理服务器，但是相关配置可以根据需求而变化。其主要优点是有可伸缩性。它们与物理资源无关，从而可以根据流量负载扩展防火墙容量。

在选择防火墙时，可以选择多种，使用不止一种防火墙可提供多层保护。

## （二）蜜罐技术

自网络技术大规模发展以来，各种硬件设备开始大规模接入互联网，如PC（个人计算机）、摄像头、打印机等。这方便了人们的正常使用，但是暴露了攻击路径。攻击者通过各种接口即可成功地进行攻击。而之前已被大规模使用的网络防火墙、IDS（入侵检测系统）以及IPS（互联网协议群）等网络阻断技术，在面对这种情况时无法有效应对。

现在的很多攻击都可以通过杀伤链模型进行阐述和解释，黑客可通过侦查跟踪、武器构建、载荷投递、漏洞利用、安装植入、命令&控制、目标达成的攻击方式对目标进行攻击。而传统的入侵检测、防火墙等被动防御技术主要针对其中的单个阶段进行控制，无法对全部攻击路径进行处理。相对于传统防护手段，蜜罐技术可以针对全路径进行监测。

在何种场景使用何种蜜罐技术，都需要部署人员认真思考。

蜜罐系统主要包括交互仿真、数据捕获以及安全防护三部分。交互仿真面向攻击者，主要负责与攻击者进行交互，其通过模拟服务的方式暴露攻击面，诱导攻击者进行攻击；数据捕获面向管理者，对攻击者不可见，通过监测网络流量、系统操作行为等捕获并记录攻击者的连接数据、攻击数据包以及恶意代码等，便于后续的安全分析；安全防护面向管理者，对攻击者不可见，通过采用操作权限分级、阻断、隔离等方式，防止攻击者攻陷蜜罐系统，引起恶意利用。

通过部署蜜罐系统，可以捕捉到互联网上大量的攻击，但攻击者在攻击时往往希望隐藏自己的攻击行为。比如，他掌握了一种新型攻击技术，但是整体攻击的过程被安全人员偷窥，那这样的攻击会在较短的时间内丢失存在的价值，因为其存在的价值就是使防守方没有足够的反制措施。因此，为了避免这样的情况，攻击者会利用一些反蜜罐手段对将要攻击的资源进行探测、识别，也可通过Shodan（一个搜索引擎）搜索的方式调查取证。

也有一些反蜜罐措施是在进入蜜罐系统后，采用系统调用的方式，调用内部某些功能，依据执行的结果判断是否是蜜罐。总之，已有的反蜜罐技术种类繁多，可通过识别蜜罐网络层面、硬件层面或者软件层面的各种指纹特征实现蜜罐检测。该类技术原理很简单，在识别低交互蜜罐方面常常很高效。

蜜罐技术作为一种主动防御技术，主要用来对攻击者进行欺骗，一方面可以用来捕获攻击、分析攻击，另一方面可以用来诱捕攻击者，从而保护真实的设备。

## 第三节　网络安全的发展

网络安全的发展是与计算机网络技术的发展分不开的，此外，安全防护技术随黑客攻击技术的发展而发展。

### 一、计算机网络技术的发展

#### （一）第一代Internet技术：静态网页

计算机网络技术推广之前，计算机直接的数据交换以软盘、光盘为载体。因此，计算机网络技术的发展首先是计算机局域网技术的发展，包括微软的SMB（服务器消息块）网上邻居、NetWare的组网技术等。那时的Internet的发展只是崭露头角，与局域网的10Mbps、100Mbps对比来说，56kbps的Modem拨号上网实在相去甚远。因此，第一代的Internet技术以静态网页的展示为基本应用，仅仅用于大公司对用户展示自己的官网。

#### （二）第二代Internet技术：动态网页

第二代Internet技术的核心是动态网页技术。最初是CGI（公共网关接口），后来PHP（超文本预处理器）、JSP（Java服务器页面）、ASP（动态服务器页面）技术开始流行起来，这一代技术的特点就是用户看到的网页都是根据其特有的访问内容动态生成的，每个用户看到的网页都不同。此时的Web服务器的后面多了数据库服务器，Web服务器会根据每个用户的请求内容，动态地生成网页内容，发回给浏览器。

### （三）第三代Internet技术：前后端分离

前后端分离技术的一个驱动在于技术模块化的需求，把数据的显示与数据的逻辑运算分开。技术支撑点在于微软提出的XHR（可扩展超文本传输请求）技术，也就是俗称的Ajax（一种Web数据交互方式），让浏览器可以动态地向后端发起不刷新当前网页，而只是更新局部网页DOM（文档对象模型）的技术。有了前后端分离技术，Web服务器不再与应用服务器掺杂在一起。Web服务器专注于处理浏览器的页面请求，应用服务器专注于业务逻辑的实现。前后端分离使开发人员可以专注于不同的技术领域，如前端会更多地关注浏览器的兼容，而后端则可以更多地在高并发、分布式应用部署上面下功夫。

### （四）第四代Internet技术：大前端模式

首先说明，大前端模式与上一代的前后端分离技术无优劣之分，只有应用场景不同之分。从业务需求来说，第三代的前后端分离技术交给浏览器的是一大堆的JS（JavaScript，一种具有函数优先的轻量级、解释型或即时编译型的编程语言）代码，JS代码在此过程中担任了搬运工的角色，把运算压力从后端服务器压到了前端浏览器。因此，其在有些应用场景下并不合适，缺点如下。

第一，不利于SEO（搜索引擎优化）。搜索引擎的爬虫并不会去处理动态网页，有什么就记录什么，那么前端给一大堆的JS代码就不利于SEO。第二代动态网页技术其实就是后端直接返回给浏览器处理好的网页，那么大前端模式也是如此，走了一个否定之否定的过程，不过技术原理已经千差万别，先进多了。

第二，弱计算力的客户端将存在响应延时问题。如果客户端的计算速度比较慢，那么前后端分离就不太适合，因为需要客户端浏览器处理大量的工作。

因此，把浏览器端处理JS代码的工作挪回到服务器端，才能比较适应有关需求，大前端模式应运而生。而Node（节点，即网络连接的端点）的发明，则让大前端模式有了实现的技术可能。因为前端人员非常熟悉JS代码，那么同样地，把一部分JS代码放到服务器上来运行，把网页先渲染好再发回给浏览器，对前端人员来说无技术上的难度，也比较自然。计算机与网络技术的发展推动了Everything on Web的技术进化，早先的FTP（文件传输协议）、mail（邮件）、新闻组、BBS（网络论坛）、聊天室、网络聊天，现在无一例外都可以通过Web模式实现。别说这种应用程序，就是服务器的管理与配置也从Command的CLI（命令行界面）与高消耗的GUI（图形用户界面），寻找到了一个解决方案。比如，现在的各种路由器的配置，就直接在路由器上集成一个Web服务器，让客户直接访问路由器的IP地址，就可以配置设备。这无疑是既考虑了CLI的学习成本，也考虑了GUI的性能成本的解决方案，是非常好的解决方案。

Everything on Web终点必然是Apps on Web，这也大大提升了浏览器软件的重要程度。理论上来说，一个稳定的OS（操作系统）、一个稳定的浏览器，就可以解决绝大部分的问题。客户端不再需要安装一个个的App，而可以达到计算机开箱即用，所有的存储都在网络。解决安全问题、隐私问题是一个大的方向，现在Google的Chromebook就是按照这个思路来做的。其实手机上的各大App，其内核也不过是浏览器，与自己的服务器进行专有的交互。

## 二、国内网络安全技术事件

### （一）《网络安全产业人才岗位能力要求》正式发布

2022年1月12日，由工业和信息化部网络安全产业发展中心（工业和信息化部信息中心）与人才交流中心联合牵头组织编制的《网络安全产业人才岗位能力要求》正式发布。

该文件正文内容分为六个部分，包括范围、规范性引用文件、术语和定义、网络安全主要方向及岗位、网络安全产业人才岗位能力要素、网络安全产业人才岗位能力要求，涵盖安全规划与设计、安全建设与实施、安全运行与维护、安全应急与防御、安全合规与管理五大类38个岗位的通用标准和细分标准，为各相关单位开展网络安全产业人才招聘引进、培训评测、能力提升等工作提供了依据和参考。

根据网络安全全生命周期保障体系和网络安全产业人才需求，《网络安全产业人才岗位能力要求》聚焦网络安全产业“四阶段一整体”五个主要方向，这五个主要方向又细分为需求分析、安全设计、安全开发、安全测试、安全实施、安全产品运维、数据安全管理、安全监测与分析、漏洞发现与分析、安全防御、应急响应、合规咨询、风险管控、安全评估、等级保护、安全调查。

网络安全岗位能力提升内容包括软技能等相关综合能力提升，基础知识、专业知识等相关知识提升，基本技能、专业技能等相关技术技能提升，基于项目经验的工程实践能力提升四个方面。网络安全岗位能力提升分为岗前提升（理论教学，理论与实践一体化教学，项目实训、企业实习等方式）和在岗提升（内部在岗培训、外部脱岗培训、项目实践或导师辅导等）两个阶段。网络安全岗位能力提升活动供给包括教育、培训机构培养，企业培养，个人培养三个类别。

对网络安全产业从业人员进行评价和定级，评价结果可以作为网络安全产业人才能力胜任、职业发展等活动的依据。评价方式包括：①综合能力主要通过笔试或答辩等方式进行评价；②专业知识主要通过笔试考核的方式进行评价；③技术技能主要通过实验考核方式进行评价；④工程实践主要通过成果评价方式进行评价。评价等级可以分为初级、中级、高级，能力分为9等。

### （二）小米公司发布消费者物联网设备的网络安全基线标准

2021年1月17日，小米公司全球官网发布了一套新的拟议全球标准，以支持并让消费者放心他们在使用物联网产品时的数据。题为“Cyber Security Baseline for Consumer Internet of Things Device Version 2.0”的指南英文版旨在通过一套全面的要求来保护安全和用户隐私，涵盖从设备硬件、设备软件到设备通信的指南。它还规定了对数据安全和隐私的要求，包括通信安全、认证和访问控制、安全启动、数据删除等，是所有小米智能设备都应该遵循的安全基线。

### 三、计算机网络安全历史发展沿革

2014年，全球的网络安全市场规模达到了956亿美元，并在五年内以每年超过10%的增长率持续增长，到了2019年，全球网络安全产业规模超过1200亿美元，这些数字足以体现网络安全的重要性越来越受到国际的重视。自2010年起，无线网络逐渐兴起，如今，伴随着无线网络手机用户量呈现井喷式增长，伴随着5G（第五代移动通信技术）时代的到来，无线网络用户在网络用户中的占比有望超过60%。2020年360安全信息网络报告中提及，我国无线网络安全市场规模在未来5G普及后将以每年超过7.3%的增长率持续增长。由此可见，网络安全市场将会成为未来十几年甚至几十年内的主流发展市场，网络安全员这一新兴职业应运而生，这是与时俱进的表现，也是面对未知的网络安全领域的重大挑战和机遇。

## 第四节　网络安全防护的目标

### 一、威胁检测

威胁检测首先是信息收集，其次是威胁感知。信息收集的常见方法是放置探针，也就是传感器。这里面其实有两个问题，一个是探针技术问题，即如何高效完整可靠地采集信息，另一个是检测识别算法问题。

在威胁检测这个领域，幸存者偏差这个问题其实很严重。人们很容易统计可被检测的安全事件和样本，然后给出一个所谓的分布。很多安全厂商会隔段时间发个威胁分析的报告出来，以凸显所谓的专业性。人们总是拿着已知的黑样本去训练模型，当拟合的效果非常好的时候，便认为检测能力得到保障了，但实际上，因为防守方在明、黑客在暗，人们总是被动式发现，补充式覆盖，滞后式更新。安全方案里的采集、分析、检测、防御、感知，这个所谓的闭环也一直是自我感觉良好的闭环，漏了多少永远不知道。

造成这种问题的原因有以下几个。

第一，从威胁检测的工作模式来看，其很依赖专家经验，专家经验源于事件和样本分析，而样本能被筛选出来往往都是基于简单的规则和简单的泛化。

第二，对检测能力没有好的反向评价机制。在机器学习领域有召回率的概念，但这是基于固定的训练样本集。而现实世界里，样本空间无限大。

第三，判白和判黑，在工程实践里，大部分时候只能选择后者。判白的安全系数虽然更高，但是基本只能用在可信计算等少数场景下。

第四，检测和逃逸本身就是智力对抗，技术迭代的速度很快，新技术层出不穷。根据木桶原理，黑客实现逃逸更容易。

第五，技术能力，不客气地说，很多安全从业者的技术水平没有黑客的水平高。

综上所述，威胁检测首先是看看见的能力，其次才是看识别的能力。关于如何发现未知威胁的话题被说了很多年，比如，威胁情报，很多公司一宣传就是知识图谱、深度学习。但笔者认为最靠谱的还是经年累月地追踪样本，靠样本的强特征来判定。是的，对特征的理解不够，检测就无从谈起。这样就形成了一个悖论，检测基于特征，特征基于发现和抽象，所以能检测的永远都是已知的。

盲区客观存在，不能被准确衡量，否则就不叫盲区。因此，幸存者偏差总是存在。但这并不是说威胁检测就注定只能被动提升了，有些原则和思路可以帮助检测自主往前走。

一是在信息采集上，要尽可能地下沉一层。当和攻击者在同一层次的时候，可靠的信息采集只能是一厢情愿。比如，恶意软件运行在Guest OS（客户操作系统）里，那采集就应该下沉到Host。再比如，攻击的有效载荷在Host这一层，那采集就应该到网关层。当然了，分层的采集会丢失语义，消除语义鸿沟是另外的问题。

二是信息要尽可能地完整。CrowdStrike有篇文章讲得很清楚，采集的信息一定要完整，因为今天你不认为是威胁的信息可能是因为你的能力不够还不足以看出，也许明天就是IOA（攻击指标）了。

三是检测多基于模式，少基于规则。规则很容易被绕过，但是模式很难被绕过，比如，污点分析检测Webshell就是很好的例子。

四是建立分级检测机制。不能被判黑的样本先判可疑，可疑的样本优先被详细分析。判可疑比直接判黑要简单得多，比如，加壳的程序直接判黑肯定会有误报，但是加壳作为可疑特征就没有问题，假设再有其他黑的特征综合到一起，那么提示威胁就不会误报了。很多所谓的reputation打分系统都是这么做的。

五是建立白基线和反向思维，如可信计算就是一个极端的案例。我不知道你怎么攻击我，但是我每一步都校验，建立可信链，不符合预期都算有问题。

六是立体的检测防御方案，一步失手还有下一步，建立纵深思维，也建立对账系统，上一层漏过了下一层能有感知。比如，某电商的对账系统，从中可能看不出一个账号里的钱怎么就多了（黑客绕过充值系统），但是可以看出这个账号的入账和出账对不上，所以这个账号有问题。

## 二、网络安全的基本要素和目标

当涉及网络时，安全一直是人们无法避开的话题。数据泄露、黑客攻击、恶意软件、网络钓鱼、勒索病毒和许多其他威胁足以让很多企业头痛。应一直关注网络健康，进行保护系统安全和网络应用的健壮性测试。

一个安全的系统可以保护主机和所有运行于其上的软件和硬件。安全是操作系统的一个非常重要的设计目标，操作系统接触（内存、文件、硬件、设备驱动程序等）的每一个资源，都必须从安全的角度进行交互。

在开始安装一个全新的系统之前，必须百分之百地确保系统里的软件都是可信的；通过访问控制列表，实现操作系统的基础安全功能；关闭不必要的服务来减少攻击系统的可能；安装安全软件，以及定期和快速更新系统和基础软件的安全补丁；强化身份验证的过程，以及限制管理员的数量和权限。

## （一）信息安全的原则

信息安全遵循三个总体原则，通常是机密性、完整性和可用性。

1. 机密性

这意味着信息仅由有权访问该信息的人查看和使用。必须采取适当的安全措施，以确保私人信息保持私密性，并防止未经授权的泄露和窥视。

2. 完整性

此原则可确保数据的完整性和准确性，并防止数据被修改。这意味着未经授权的用户对信息的任何更改都是不可能的，并且可以跟踪授权的用户的更改数据。

3. 可用性

此原则可确保在授权用户需要时可以随时完全访问该信息。这意味着用于存储、处理和保护所有数据的所有系统必须始终稳定运行。

## （二）IT 安全最佳实践

大多数IT部门没有经过各种网络攻击和渗透测试，而是着重于防护最重要的系统和业务，大量的防护设备、审计设备导致业务访问慢，出现了网络安全防护和网络性能质量的平衡抉择。

要思考分配的权限是否满足工作需要，权限是否分配正确，访问的内容、访问的时间、访问的行为操作是什么，是否有越权。例如，会计方面的人员不需要查看客户数据库中的所有名称，可能需要查看销售中的数字。这意味着系统管理员需要根据人员的工作类型来分配访问权限，并且可能需要根据组织分离来进一步细化那些限制。这将确保财务在理论上比会计能够访问更多的数据和资源。另外，需要第一时间修复重要服务器、应用业务，要周期性地应对不同类型的攻击测试，根据测试结果帮助人们评估各个节点、区域、部门在实际中可能面临的风险，并及时进行修复，提高全体人员的网络安全防范意识。

传统安全防御体系无法捕捉到攻击者的攻击手段、攻击目的、突破口、设备指纹等信息，无法对黑客的攻击手法进行分析并升级安全防护策略。

依托伪装代理、诱饵、蜜罐的高交互性，诱导攻击者深度入侵系统，再加上网络流量采集，对整个攻击事件进行复现，清晰掌握攻击轨迹和行为细节，实现攻击溯源，同时清楚掌握存在的安全漏洞及风险。当发生安全破坏时，应记录该事件，实际上，即使没有发生事件，也需要经常备份尽可能多的数据。

安全测试则是站在防护者角度思考问题，尽量发现所有可能被攻击者利用的安全隐患，并进行修复。黑客在不断提高自己的技术水平，这意味着信息安全技术必须不断发展跟进，需要关注和定期进行测试，进行风险评估。同时攻击事件帮助人们测试业务安全和系统安全的健壮性，并提高其安全性，从而使其他类型的黑客无法如此轻松地获得访问权限。

## 三、网络安全管理的措施

很多人安全意识不强，被黑客入侵非常普遍。黑客入侵可能带来网站被挂病毒，数据被删除。黑客利用服务器对外攻击别人，占用服务器的磁盘和带宽等。

为了提高所使用主机的安全性，应做好系统安全，提升安全防护意识。

第一，设置较为复杂的主机密码，建议8位数以上，大小写混合字母、数字、特殊字符组合使用，不要使用123456等弱口令。

第二，开启系统自动更新功能，定期给系统打补丁。

第三，Windows主机安装安全狗、360主机卫士等防入侵的产品。

第四，做好网站的注入漏洞检查，做好网站目录访问权限控制。

第五，如果用于网站服务，建议安装网站管理助手的操作系统模板。新建网站强烈建议用网站管理助手创建，该系统创建的网站会相互隔离，避免一个网站被入侵就导致其他网站受影响。

第六，关闭不需要的服务，如Server（服务器）、Workstation（工作站）等服务一般用不上，建议禁用。

第七，启用TCP/IP筛选功能，关闭危险端口，防止远程扫描、蠕虫和溢出攻击。比如，ms SQL（微软的SQL Server数据库服务器）的1433端口，一般用不上远程连接的话，建议封掉，只允许本机连接。

第八，如果自己安装数据库，建议修改为普通用户运行，默认是系统权限运行的，非常不安全。

第九，如果是自主安装纯净版的系统，建议修改掉3389、22等默认端口，用其他非标准端口可以降低被黑客攻击的概率。

# 第二章

# 网络攻击防范与漏洞分析技术

随着计算机网络技术的高速发展和普及，信息化社会已成为人类社会发展的大趋势。但由于计算机网络的开放性等特点，网络很容易受到各种形式的攻击，所以信息安全与保密就成为信息化社会的重中之重。要保证网络信息的安全，就必须熟悉网络入侵和攻击的常用方法，这样才能制订行之有效的防范策略，有效防范网络入侵、攻击。

## 第一节　网络攻击概述

### 一、权限获取及提升

攻击一般从确定攻击目标、收集信息开始，然后对目标系统进行弱点分析，根据目标系统的弱点想方设法获得权限。攻击者获得权限以及进行权限提升的方式主要有以下几个。

#### （一）通过网络监听获取权限

监听技术最初是提供给系统管理员用的，主要是对网络的状态、信息流动和信息内容等进行监视，相应的工具称为网络分析仪。网络监听成了黑客使用最多的技术，主要用于监视他人的网络状态、网络协议，达到窃取敏感信息等目的。网络监听是攻击者获取权限的一种最简单而且最有效的方法。在网络上，监听效果最好的地方是在网关、路由器、防火墙等设备处，通常由网络管理员操作。而对于攻击者来说，使用最方便的是对一个以太网中的任何一台上网的主机进行监听。网络监听常常能轻易地获得用其他方法很难获得的信息。

### （二）基于网络账号口令破解获取权限

口令破解是网络攻击最基本的方法之一。口令破解是一种比较简单、低级的入侵方法，但由于网络用户规模的急剧扩张和人们的忽视，口令破解成为危及网络核心系统安全的严重问题。口令是系统的大门，网上绝大多数的系统入侵是通过口令破解进行的。每个操作系统都有自己的口令数据库，用以验证用户的注册授权。以Windows和UNIX为例，系统口令数据库都经过加密处理并单独维护存放。常用的破解口令的办法为强制口令破解，即通过破解获得系统管理员口令，进而掌握服务器的控制权，它是黑客入侵的一个重要手段。获得管理员口令的方法很多，其中最为常见的三种方法为猜解简单口令、字典攻击、暴力猜解。

### （三）通过网络欺骗获取权限

通过网络欺骗获取权限就是攻击者通过获取信任的方式获得权限：社会工程学与网络“钓鱼”。

在网络安全领域，社会工程学是一种通过人际交流的方式获得信息的非技术渗透手段，通过对受害者的本能反应、好奇心、信任、贪婪等进行欺骗等危害手段取得自身利益，近年来已呈现迅速上升甚至滥用的趋势。

## 二、金融机构网络风险

金融机构是一个城市、一个地区甚至一个国家最重要的职能机构之一，是经济运行稳定的支持机构和为其“保驾护航”的职能机构，任何一个国家和地区一旦经济动荡，极易陷入危难之中。例如，前些年的欧洲债务危机使冰岛等国家面临“破产”的境遇，这充分表明一个国家的金融机构一旦出现问题，那么整个国家将产生动荡，直接影响百姓生存的命脉。因此，各国在发展经济的同时应重视金融机构的建设和保护。

金融机构可以说是黑客组织最喜欢攻击的对象，而且攻击个人计算机使其瘫痪以及获取一些个人隐私信息的诱惑力较小，而攻击金融机构可以获取直接的经济利益，获利数额巨大，并且难以追踪，具有较强的隐匿性，致使世界很多知名黑客组织跃跃欲试。

目前的金融机构可以分为政府金融机构、企业金融机构等。

政府金融机构主要是指各个银行系统。在信息时代下，多数银行与时俱进，开通了网上银行业务，能够实现网络实时转账和汇款，提高了银行运营效率，同时给百姓带来了极大的方便，让百姓可以足不出户只依靠手机或计算机终端完成一些常见的金融业务。虽然银行应用的都是内部网络，但很多银行的网络运行安全保障系统存在漏洞和被黑客攻破的危险。

对于企业金融机构而言，存在被黑客攻击的风险。目前，我国流行的企业金融行为当数微信支付和支付宝支付。微信支付属于腾讯集团，支付宝支付属于阿里巴巴集团，这两种支付方式已经成为我国主流的网络支付方式，二者累计交易量占网络支付总额的90%以上。如果这两家企业的金融机构被黑客攻破，那么所有用户的金融利益将遭受毁灭性的打击，甚至会引起经济动荡和社会动荡。因此，金融机构面临的网络安全威胁不容小觑。

金融机构的网络风险防范分为国家行为和企业行为。

国家行为是指由国家政府机构全面掌控金融风险和经济发展态势，在经济发展过程中不断稳定金融机构的网络安全，避免遭受国内外黑客组织侵袭，并且在必要时候采用政治手段甚至是军事手段打击侵犯国家金融机构网络安全的黑客。

企业行为是指企业根据自身情况，利用一切资源保障企业的金融利益不被侵犯。一般企业防控网络安全风险多采用硬件防火墙加软件防火墙的方式，组建银行内部网络系统，这样较为封闭的网络被攻破的可能性相对于公共网络而言更小，隐蔽性更高，防控网络风险的效果越好。

企业金融机构的安全防护中，阿里巴巴集团的支付宝做得相对出色，支付宝团队聘请了国内甚至世界比较有名的网络安全防护专家，研究破解支付宝的各种支付手段，不断演练破解过程，并在此过程中查找可能被黑客利用的漏洞。至今还无人能够破解支付宝支付，这归功于阿里巴巴集团管理层对网络支付安全的重视。因此，阿里巴巴集团对支付宝安全网络的防范经验值得各企业借鉴。企业对金融方面的移动支付、无线网络支付过程的保护，应当做到全面、实时对网络安全环境进行检测和漏洞排查，不断升级保护措施，以达到最终的网络安全防护效果。

此外，在网络安全防护过程中，要重视企业之间的沟通与合作，面对共同的威胁一起磋商解决方案和安全防护措施。尤其是在信息化程度加深和计算机互联网技术高速发展的今天，越来越多来自网络的威胁影响着我国金融机构的发展。只有不断增强我国金融机构的网络安全防范意识和能力，才能有效应对来自各方的网络攻击。金融机构的稳定是保证我国经济健康、持续和稳定发展的有力依靠，也是我国实现伟大复兴的有力保障。

## 三、缓冲区溢出机制原理分析

### （一）什么是缓冲区机制

首先要解释什么是缓冲区，总体来说，缓冲区是内存空间的一部分。在内存中预留了一定的存储空间，用来暂时保存输入和输出等I/O操作的一些数据，这些预留的空间就叫作缓冲区，而buffer（缓冲区）和Cache（缓存区）都属于缓冲区的一种。

buffer存储速度不同步的设备或者优先级不同的设备之间传输的数据，如键盘、鼠标等。此外，buffer一般是用在写入磁盘的数据缓存。Cache是位于CPU和主内存之间的容量较小但速度很快的存储器，Cache保存着CPU刚用过的数据或循环使用的数据，Cache的运用一般是在I/O的请求上。

缓冲区按性质分为两种，一种是输入缓冲区，另一种是输出缓冲区。对C、C++程序而言，类似cin、getchar等输入函数读取数据时，并不会直接从键盘上读取，而是遵循着一个过程：cin/

getchar—输入缓冲区—键盘。人们从键盘上输入的字符先存到缓冲区里面，cin、getchar等函数从缓冲区里面读取输入。那么相对于输出来说，程序将要输出的结果并不会直接输出到屏幕当中，而是先存放到输出缓冲区，然后利用cout、putchar等函数将缓冲区中的内容输出到屏幕上。cin和cout本质上都是对缓冲区中的内容进行操作。

## （二）为什么使用缓冲区机制

CPU读取磁盘中的数据并不是直接读取磁盘，而是先将磁盘的内容读入内存，也就是缓冲区，然后CPU对缓冲区进行读取，进而操作数据，计算机对缓冲区的操作时间远远小于对磁盘的操作时间，大大加快了运行速度。同时缓冲区机制提高CPU的执行效率，比如，使用打印机打印文档，打印的速度是相对比较慢的，人们操作CPU将要打印的内容输出到缓冲区中，然后CPU就可以做其他的操作，进而提高CPU的效率。

合并读写。比如，对于一个文件的数据，先读取后写入，循环执行10次，然后关闭文件，如果存在缓冲区机制，那么就可能只有第一次读和最后一次写是真实操作，其他的操作都是在缓存。

## （三）缓冲区的分类

缓冲区分为三大类：全缓冲、行缓冲、无缓冲。

1.全缓冲

只有在缓冲区被填满之后才会进行I/O操作，最典型的全缓冲就是对磁盘文件的读写。

2. 行缓冲

只有在输入或者输出中遇到换行符的时候才会进行I/O操作；允许人们一次写一个字符，但是只有在写完一行之后才进行I/O操作。一般来说，标准输入流（stdin）和标准输出流（stdout）是行缓冲。

3. 无缓冲

标准I/O不缓存字符，其中表现最明显的就是标准错误输出流（stderr），这使得出错信息尽快返回给用户。

### （四）对缓冲区操作的函数（C语言）

标准输出函数有printf、puts、putchar等，标准输入函数有scanf、gets、getchar等，IO_FILE有fopen、fwrite、fread、fseek等。

## 四、分布式拒绝服务攻击原理分析

### （一）DDoS攻击的概念

分布式拒绝服务（DDoS）攻击是互联网上极强大的武器之一。当人们听说一个网站被黑客摧毁时，通常意味着它已成为DDoS攻击的受害者。简言之，这意味着黑客试图通过“洪水泛滥”或网站流量过大来使网站或计算机无法使用。

DDoS攻击针对网站和在线服务，目标是以比服务器或网络可容纳的更多流量来压倒它们，使网站或服务无法运行。

流量可以包括传入消息、连接请求等。在某些情况下，目标受害者受到DDoS威胁或受到低级别攻击，除非企业支付赎金，否则可能受到更具破坏性的攻击。

## （二）DDoS攻击的示例

2000年，使用在线名称“Mafiaboy”的15岁男孩迈克尔·卡尔斯发起了首次记录的DDoS攻击之一。卡尔斯入侵了许多大学的计算机网络，他使用这些网络中的服务器来操作DDoS，导致几个主要网站崩溃，包括CNN、E-Trade、eBay和Yahoo，后来卡尔斯在蒙特利尔青年法庭被判有罪。长大后，他成了一名“白帽黑客”，负责识别大公司计算机系统中的漏洞。

2016年，主要域名系统提供商遭受了大规模DDoS攻击。

游戏行业也是软件和媒体公司的DDoS攻击目标。

## （三）DDoS工作流程

DDoS背后的理论很简单，攻击的复杂程度各不相同。DDoS攻击是网络攻击，它充斥着互联网流量。如果流量超过目标，则其服务器等将无法运行。

Internet上的网络连接由开放系统互连（OSI）模型的不同层组成。不同类型的DDoS攻击集中在特定层上，例如，第3层，即网络层，攻击包括Smurf攻击、ICMP洪水和IP / ICMP碎片；第4层，即传输层，攻击包括SYN 洪水、UDP 洪水和TCP连接耗尽；第7层，即应用层，主要是HTTP加密攻击。

完成DDoS的主要方式是通过远程控制被黑客入侵的计算机或机

器人网络，这些通常被称为“僵尸计算机”，它们形成了所谓的僵尸网络。这些用于为目标网站、服务器和网络提供超出其可容纳的量的数据。

“僵尸网络”可以发送超出服务器可以处理的量的数据请求或发送超过目标受害者的带宽能力的大量数据。“僵尸网络”的范围可以是数千台到数百万台由网络犯罪分子控制的计算机。网络犯罪分子将“僵尸网络”用于各种目的，包括发送垃圾邮件和勒索软件等恶意软件。在人们不知情的情况下，其计算机可能已经是“僵尸网络”的一部分。

“僵尸网络”用于创建HTTP或HTTPS洪水。计算机的“僵尸网络”用于发送看似合法的HTTP或HTTPS请求来攻击和压倒网络服务器。HTTP是Hyper Text Transfer Protocol（超文本传输协议）的缩写，是控制消息格式化和传输方式的协议。HTTP请求可以是GET请求或POST请求。区别在于：GET请求是从服务器检索信息的请求；POST请求是请求上载和存储信息的请求。POST请求需要目标Web服务器更多地使用资源。虽然使用POST请求的HTTP泛洪使用Web服务器的更多资源，但使用GET请求的HTTP泛洪更简单、更容易实现。

## （四）DDoS症状

（1）本地或远程访问文件速度很慢。

（2）长期无法访问特定网站。

（3）互联网断线。

（4）访问所有网站出现问题。

（5）垃圾邮件过多。

这些症状很难被识别为异常。如果计算机长时间出现两个或以上症状，其用户可能已成为DDoS的受害者。

## （五）DDoS的类型

基于卷的攻击会传输大量流量以淹没网络带宽。

协议攻击更集中并利用服务器资源中的漏洞。

应用程序攻击是最复杂的DDoS形式，专注于特定的Web应用程序。

## （六）免受DDoS攻击的措施

### 1.采取快速行动

企业应该使用技术或反DDoS服务来帮助识别网络流量和DDoS中的合法峰值。如果发现企业受到攻击，应该尽快通知ISP提供商，以确定流量是否可以重新路由。拥有备份ISP也是一个好主意。此外，可考虑在服务器网络中分散DDoS流量，以使攻击无效。

互联网服务提供商可使用黑洞路由，当流量过大时，将流量引导到空路线（有时称为黑洞），从而防止目标网站或网络崩溃，但使用黑洞路由的缺点是合法和非法流量都会在此重新路由。

### 2.配置防火墙和路由器

为拒绝虚假流量，应下载最新的安全补丁，更新防火墙和路由器。

3. 考虑AI

除现有的高级防火墙和入侵检测系统很常见外，AI也正被用于开发新系统，AI可以快速将Internet流量路由到云，并分析它的位置。此类AI程序可识别并抵御已知的DDoS模式。此外，AI的自学习功能有助于预测和识别未来的DDoS模式。

4. 保护物联网设备

如果有物联网设备，则应确保设备已格式化，以使物联网设备获得保护。

## 第二节　TCP协议漏洞攻击与防范方法

### 一、TCP协议漏洞攻击

TCP是一种可靠的面向连接的传输协议。它在传送数据时是分段进行的，主机交换数据必须建立一个会话。它用比特流通信（数据被当作无结构的字节流），通过为每个TCP传输的字段指定顺序号，获得可靠性。针对TCP协议漏洞的攻击是TCP重置攻击。

在TCP重置攻击中，攻击者通过向通信的一方或双方发送伪造的消息，告诉它们立即断开连接，从而使通信双方连接中断。正常情况下，如果客户端发现到达的报文段对于连接而言是不正确的，TCP就会发送一个重置报文段，从而使TCP连接快速拆卸。TCP重置攻击利用这一机制，通过向通信方发送伪造的重置报文段，欺骗通信双方提前关闭TCP连接。如果伪造的重置报文段足够逼真，接收者就认为它有效并关闭TCP连接，以防连接被用来进一步交换信息。服务端可以创建一个新的TCP连接来恢复通信，但仍然可能会被攻击者重置连接。万幸的是，攻击者需要一定的时间来组装和发送伪造的报文段，所以一般情况下这种攻击只对长连接有杀伤力。

从某种意义上来说，伪造TCP报文段是很容易的，因为TCP/IP没有任何内置的方法来验证服务端的身份。有些特殊的IP扩展协议（如IPSec）确实可以验证身份，但并没有被广泛使用。客户端只能接收报文段，并在可能的情况下使用更高级别的协议（如TLS）来验证服务端的身份。但这个方法对TCP重置包并不适用，因为TCP重置包是TCP协议本身的一部分，无法使用更高级别的协议来验证。

先总结一下伪造一个TCP重置报文段要做的事情：嗅探通信双方的交换信息。

（1）截获一个ACK标志位置为1的报文段，并读取其ACK号。

（2）伪造一个TCP重置报文段（RST标志位置为1），其序列号等于前面截获的报文段的ACK号。这只是理想情况下的方案，假设信息交换的速度不是很快，大多数情况下为了提高成功率，可以连续发送序列号不同的重置报文段。

（3）将伪造的重置报文段发送给通信的一方或双方，使其中断连接。

为了实验简单，可以使用本地计算机通过localhost与自己通信，然后对自己进行TCP重置攻击。步骤如下：在两个终端之间建立一个TCP连接；编写一个能嗅探通信双方数据的攻击程序；修改攻击程序，伪造并发送重置报文段。

下面正式开始实验：

## （一）建立TCP连接

可以使用netcat工具来建立TCP连接，这个工具预装了很多操作系统。

先打开第一个终端窗口，运行以下命令：

$ nc -nvl 8000

这个命令会启动一个TCP服务，监听端口为8000。

接着打开第二个终端窗口，运行以下命令：

$ nc 127.0.0.1 8000

该命令会尝试与上面的服务建立连接，在其中一个窗口输入一些字符，会通过TCP连接发送给另一个窗口并打印出来。

## （二）嗅探流量

编写一个攻击程序，使用Python网络库Scapy来读取两个终端窗口之间交换的数据，并将其打印到终端上。代码比较长，但其核心是调用Scapy的嗅探方法。

（1）iface：告诉Scapy在lo0（localhost）网络接口进行监听。

（2）lfilter：这是个过滤器，告诉Scapy忽略所有不属于指定的TCP连接（通信双方皆为localhost，且端口号为8000）的数据包。

（3）prn：Scapy通过这个函数来操作所有符合lfilter规则的数据包。

（4）count：Scapy函数返回之前需要嗅探的数据包数量。

## （三）发送伪造的重置报文段

下面开始修改程序，发送伪造的TCP重置报文段来进行TCP重置攻击。根据上面的解读，只修改prn函数就可以，让其检查数据包，提取必要参数，利用这些参数来伪造TCP重置报文段并发送。

例如，假设该程序截获了一个从（src_ip，src_port）发往（dst_ip，dst_port）的报文段，该报文段的ACK标志位已置为1，ACK号为100,000。由于伪造的数据包是对截获的数据包的响应，所以伪造数据包的源IP/Port应该是截获数据包的目的IP/Port，反之亦然。攻击程序接下来要做的如下：

（1）将伪造数据包的RST标志位置为1，以表示这是一个重置报文段。

（2）将伪造数据包的序列号设置为截获数据包的ACK号，因为这是发送方期望收到的下一个序列号。

（3）调用Scapy的send方法，将伪造的数据包发送给截获数据包的一方。

（4）设置TCP连接，打开第三个窗口，运行攻击程序，然后在TCP连接的其中一个终端输入一些字符串，TCP连接被中断。

## （四）进一步实验

可以继续使用攻击程序进行实验，将伪造数据包的序列号加、减1看看会发生什么，是不是确实需要和截获数据包的ACK号完全相同。

打开Wireshark，监听lo0网络接口，并使用过滤器ip.src==127.0.0.1&；&；ip.dst==127.0.0.1&；&；tcp.port==8000来过滤无关数据，可以看到TCP连接的所有细节。

在连接上更快速地发送数据流，使攻击更难执行。

## 二、中间人攻击

### （一）中间人攻击的概念

中间人攻击又称MITM攻击，指攻击者与通信的两端分别创建独立的联系，并交换所收到的数据，使通信的两端认为自己正在通过一个私密的连接与对方直接对话，但事实上整个会话都被攻击者完全控制的情况。中间人其实就是攻击者。

### （二）中间人攻击的原理

通信的两端为了避免双方说话不算数，引入可信任的第三方机构并将合同原文给它，这种情况下，一般来说，只要这个第三方机构不监守自盗，合同就相对安全。

但如果第三方机构内部不规范或容易出现纰漏，则需要采取措施，一种可行的办法是引入摘要算法（大家可以将摘要理解为一个函数，这个函数对原文进行加密会产生一个唯一的散列值，一旦原文发生一点点变化，那么这个散列值就会发生变化）。

### （三）常用的摘要算法

目前比较常用的加密算法有消息摘要算法和安全散列算法（SHA）。

MD5（消息摘要算法第5版）可以将任意长度的文章转化为一个128位的散列值，但是其被证实容易发生碰撞，即两篇原文容易产生相同的摘要。这样的话相当于直接给黑客一个后门，黑客可轻松伪造摘要。所以在大部分的情况下人们会选择安全散列算法，但是，毕竟没有任何系统可以完全杜绝员工接触敏感信息，所以能否将合同和摘要分开存储，是一个需要考虑的问题。将合同放在双方手中，将摘要放在第三方机构，这样篡改难度会进一步加大。引入第三方机构同样存在不小风险，所以还需要寻找新的方案。

## 三、对称加密与非对称加密

### （一）对称加密

对称加密，顾名思义，加密方与解密方使用同一钥匙（密钥）。具体来说，就是发送方通过使用相应的加密算法和密钥，对将要发送的信息进行加密；对于接收方而言，使用解密算法和相同的密钥解锁信息，从而有能力阅读信息。

常见的对称加密算法如下：

1. DES

DES使用的密钥表面上是64位的，然而只有其中的56位被实际用于算法，其余8位可以被用于奇偶校验，并在算法中被丢弃。因此，DES的有效密钥长度为56位。DES现在已经不是一种安全的加密方法了，主要原因是56位密钥长度过短。

2. IDEA

密钥长度为128位，优点是没有专利的限制。

3. AES

DES被破解以后，没过多久人们便推出了AES算法，该算法有三种长度可供选择——128位、192位和256位，为了保证性能不受太大影响，选择128位即可。

4. SM1和SM4

之前几种加密算法都是国外的，我国自行研究了SM4等算法。这些算法的优点是国家大力支持和认可。

## （二）非对称加密

在对称加密中，发送方与接收方使用相同的密钥；在非对称加密中，发送方与接收方使用不同的密钥，这样可以有效防止在密钥协商过程中发生泄露。比如，在对称加密中，小蓝将需要发送的信息加密，然后告诉你密码是123balala，对于其他人而言，很容易就能“劫持”到密码123balala。但是，在非对称的情况下，小蓝告诉所有人密码是123balala，对于中间人而言，其知道这个密码也没用，因为没有私钥。因此，非对称密钥其实主要解决了密钥分发的难题。其实人们经常使用非对称加密算法，比如，使用多台服务器搭建的大数据平台Hadoop，为了方便多台机器免密登录，就会分发密钥。再比如，搭建Docker集群也会使用相关非对称加密算法。

常见的非对称加密算法如下：

1. RSA

优势是性能比较好，如果想要加密强度较高，需要很长的密钥。

2. ECC

基于椭圆曲线问题提出，是目前加密强度很高的一种非对称加密算法。

3. SM2

同样基于椭圆曲线问题设计，其最大优势是得到国家认可和大力支持。

## 四、防范方法

### （一）跨站脚本（XSS）

Precise Security近期的一项研究表明，跨站脚本攻击大约占所有攻击的40%，是极为常见的一类网络攻击。虽然极为常见，但是大部分跨站脚本攻击都不是特别高端。

跨站脚本针对的是网站用户，而不是Web应用本身。恶意黑客在有漏洞的网站里输入一段代码，然后网站访客执行这段代码。此类代码可以入侵用户账户，激活木马程序，或者修改网站内容，诱骗用户给出私人信息。

防御方法：设置Web应用防火墙（WAF）可以保护网站不受跨站脚本攻击。WAF就像个过滤器，能够识别并阻止针对网站的恶意请求。用户在购买网站托管服务的时候，Web托管公司通常已经为网站部署了WAF，但用户仍然可以再设一个。

### （二）注入攻击

注入攻击被列为网站最高风险。SQL注入方法是网络罪犯最常用的注入方法。

注入攻击直接针对网站和服务器的数据库。执行时，攻击者注入一段能够揭示隐藏数据和用户输入数据的代码，获得数据修改权限，全面“攻击”应用。

防御方法：保护网站不受注入攻击危害，主要应构建代码库。比如，缓解SQL注入风险的首选方法就是始终尽量采用参数化语句。

### （三）模糊测试

开发人员利用模糊测试来查找软件、操作系统或网络中的编程错误和安全漏洞，然而攻击者可以使用同样的技术来寻找网站或服务器上的漏洞。

采用模糊测试方法，攻击者首先会往应用中输入大量随机数据（模糊）以让应用崩溃，然后用模糊测试工具寻找应用的弱点，如果目标应用中存在漏洞，攻击者即可进一步利用漏洞。

防御方法：对抗模糊攻击的最佳方法就是及时更新安全装置和其他应用，尤其是在安全补丁发布后不更新就会遭遇恶意黑客的情况下。

### （四）零日攻击

零日攻击是模糊攻击的扩展，但不要求识别漏洞本身。

在两种情况下，恶意黑客能够从零日攻击中获利。第一种情况是，如果能够获得关于即将到来的安全更新的信息，攻击者就可以在更新上线前分析出漏洞的位置。第二种情况是，网络罪犯获取补丁信息，然后攻击尚未更新系统的用户。

防御方法：保护系统和自身网站不受零日攻击影响最简便的方法，就是在软件新版本发布后及时更新。

### （五）路径（目录）遍历攻击

路径遍历攻击不像上述几种攻击方法那么常见，但仍然是Web应用的一大威胁。

路径遍历攻击针对的是Web Root文件夹，其会访问目标文件夹外部的未授权文件或目录。攻击者试图将移动模式注入服务器目录，以便向上爬升。成功的路径遍历攻击能够获得网站访问权，染指配置文件、数据库和同一实体服务器上的其他网站和文件。

防御方法：网站能否抵御路径遍历攻击取决于输入净化程度。这意味着应保证用户输入安全，并且不能从服务器恢复用户输入内容。最直观的建议是“打造”代码库，这样用户的所有信息就不会传输到文件系统API了。即使这条路走不通，也有其他技术解决方案可用。

### （六）暴力破解攻击

暴力破解攻击是获取Web应用登录信息的一种相当直接的方式，也是非常容易解决的攻击方式之一。

暴力破解攻击中，攻击者试图猜解用户名和密码，以便登录用户账户。

防御方法：保护登录信息的最佳办法是创设强密码，或者使用双因子身份验证（2FA）。网站拥有者可以要求用户同时设置强密码和2FA，以便降低网络罪犯猜出密码的风险。

## （七）使用未知代码或第三方代码攻击

使用由第三方创建的未经验证代码，也可能导致严重的安全漏洞。

代码或应用的原始创建者可能会在代码中隐藏恶意字符串，或者无意中留下后门。一旦将“受感染”的代码引入网站，就会面临恶意字符串执行或后门遭利用的风险。

想要避免潜在的数据泄露风险，应让开发人员分析并审计代码的有效性。此外，应及时更新所用插件（尤其是WordPress插件），并定期接收安全补丁。

## （八）网络钓鱼攻击

网络钓鱼虽然是一种不直接针对网站的攻击方法，但也会破坏系统的完整性。网络钓鱼是最常见的社会工程网络犯罪。

网络钓鱼攻击惯用的标准工具是电子邮件。攻击者通常会伪装成其他人，诱骗受害者给出敏感信息或执行银行转账操作。此类攻击可以通过假冒电子邮件地址、假冒真实的网站等实行。

防御方法：降低网络钓鱼攻击风险最有效的办法是培训员工等，增强员工等对此类攻击的辨识能力，如检查发送者电子邮件地址是否合法、邮件内容是否古怪、请求是否不合常理等。

# 第三章

---

# 网络安全管理

## 第一节　网络安全管理的意义

在当今的移动互联网时代，信息泄露、网络钓鱼、黑客攻击等网络安全问题可谓爆发式增长，多数企业已意识到安全问题，也在信息数据保护上下了不少功夫，但仍然存在各种漏洞和隐患。

数据是企业的核心信息资产，也是绝大多数网络攻击的最终目标。不过，对数据进行保护，不能仅仅关注存储在数据库中的静态数据，还要关注使用中的数据，以及传输中的数据，不能仅仅保护规整的结构化数据库，还要保护分散存储的各种非结构化数据。

保护数据库中的数据，最常用的方法就是加密；进行访问控制，以限制对数据的读取；对数据的导出尤其是批量导出进行严格管控；提供对数据进行操作的各种审计和日志记录；注重管理各种非结构化数据，如网页、邮件、社交工具中被展示和传输的数据等。

## 第二节　安全管理思维

### 一、CIA（机密性、完整性、可用性）思维

几乎所有安全问题都可以被高度抽象为机密性、完整性、可用性问题，不想让别人知道的归入机密性，不想让别人改动的归入完整性，不想让别人影响服务提供的归入可用性。

## 二、深度防御思维

深度防御思维，也被称为纵深防御思维，有了这个思维，可以把庞杂繁复的安全问题在各个层次击破，思考问题时不至于混沌一团或者顾此失彼。

从大的层面看，深度防御可以分为物理层、技术层、管理层三个层次，其中物理层位于最外侧，可以是大门、围墙、门禁、警卫、摄像头、传感器、警报、锁等防护手段，技术层则包括认证、授权、加密、监控、隔离、限制、恢复、备份等手段，在物理防护和技术防护触及不到的地方，可通过管理手段来防护，如规章制度等。

深度防御应该是双向的，不仅要防御从外至内的攻击，也要防御从内至外的数据泄露。比如，自内向外的网络连接往往控制较弱，导致很多攻击手段利用反向连接或是隐蔽通道来规避防火墙；而对于物理场所出入，有的防御策略是进入时认证，离开时不做限制，有的则是无论出入都需要认证（如都要通过闸道）。如果非常重视可能发生的数据泄露问题，就需要建立起自内而外的深度防御制度，如在终端层面防止U盘拷出、使用虚拟桌面、数据漂白、终端DLP等；在管理层面，可采取文件外发审批、外出携带文件设置保密要求、出国前保密谈话等措施。

下面就深度防御的三个层次进行分析。

### （一）物理层

在物理层，特定控制点有出入口，这些地方有旋转门，有安保人员，还可以有犬。进入内部区域后，仍然有层层关卡，每个关口都要求鉴别和认证，最敏感的资源和系统往往位于建筑物中央，只有拥有最高特权的人可以访问。

对物理层面的防护本身又可分为物理层、技术层和管理层。物理层有可视性、CPTED等安全考虑和措施；技术层措施包括电子门禁、物理入侵检测、报警系统等；管理层面有场地管理、人员管理、应急管理等措施。

### （二）技术层

技术层有很多种分类法，最常见的是从网络、主机（服务器）、终端、应用、数据等方面分类，每个类别都可以再进行细分处理。

仅从网络层面看，在OSI模型7个层次或TCP/IP模型4个层次上，都可以采取相应的安全措施，如物理层的防窃听、链路层的防地址欺骗、网络层的IPSec、传输层的TLS等，针对应用层如DNS、SMTP、NTP、FTP等基本应用，也有增强CIA防护能力的特定方案。

网络不仅可以从纵向层次区分，还可以按照物理分布来划分，从外至内看，DMZ区可以有防火墙、VPN、WAF、IDS、APT防护、蜜罐等防控措施，在内网区域，有层层防火墙和网络分区，有VLAN隔离、网络准入、网络DLP、内网蜜罐、SIEM、虚拟桌面等内容，在内网的核心区域保存着重要业务的数据库。

凡是涉及软件的部分，都可从代码层、服务层和业务层来划分。代码层是最基础的，对应的安全方法有安全编码规范、代码走查、代码扫描、代码审计等；服务层有认证、授权、日志、加密、Hash、签名等技术措施；业务层可以有更多的安全措施，可根据用户的行为和特征做相应的安全防范，比如，提取大额资金时，要求更高级的认证，用户行为出现异常时，可以立刻采取措施关闭其权限。

## （三）管理层

管理层的安全措施从组织、规划、制度上分类会比较容易操作一些。

管理在本质上是对管理范畴内的资源单元（包括人）进行组织，定义各单元该做什么事、如何做事、如何合作、如何优化，并采取措施使其运转起来。

对于网络安全管理来说，从组织上，要建立起安全组织架构、配备人员、明确职责关系、命令体系和协调机制；从规划上，要明确信息安全方针、目标、愿景、策略，要确定规划、制订年度计划，并注意跟踪落实；从制度上，需要定义一系列工作规章和流程，如安全需求管理、漏洞管理、应急管理、事件管理、变更管理、版本管理、配置管理等的基本要求和操作细则。

人一旦失陷，很多防御措施会失效，所以在管理上，要给予人相当程度的重视，本质上要防范和规避人的缺陷。为防范因人的疏忽而误操作，可以采用变更管理、方案审核、双人复核等措施；为防范人的懒惰，可以采用考勤、巡检、抽查、督办、审计等措施；为防范人的贪婪，可以采用最小特权、职责分离、多人控制、知识分离、特权管理等手段；为发现或威慑可能的作案行为，可以采用岗位轮换、强制休假、离任审计等手段；为防范攻击者利用员工弱点，需要对他们不断进行培训、教育、宣传、警示，其中最容易见效的手段是网络安全意识培训。

网络安全意识培训，最重要的内容是提高培训对象的警惕性，尤其是提高培训对象对类型攻击的识别和防范能力。经过多年的教育，人们已经普遍树立起网络安全意识，但是普遍缺乏实用技能。

## 三、可控思维

可控思维属于防御战术层面，主要概念有可视、隐藏、隔离。从网络安全防护角度看，可控意味着能预防、能发现、能处理，绝大多数网络安全从业者处理的就是这些工作。下面主要介绍可视、隐藏、隔离这三个概念。

### （一）可视

要做到可控，首先要可视，可视是基本的安全要求，在各个层面都是如此。从物理层面讲，比如，楼梯间使用玻璃窗，让人们在这种可见性强的环境中感到安全。从技术层面讲，资产要可视、网络要可视、日志要可视、行为要可视、入侵要可视等，要让一切都在监控之下。从管理层面讲，安全管理人员会希望有一个大屏，以持续监视关键性能指标和风险指标，如受攻击情况、事件数、漏洞数等。

### （二）隐藏

隐藏是可视的反面，目的是通过种种隐藏手段，让攻击者无从下手。比如，重要的文档只以纸质件存储，不以电子件存储；系统内权限不同的用户看到的内容不同；系统向外部只提供服务接口，其他内部细节一律对外不可见；采用存储加密、传输加密、数据填充，让真实的数据隐藏在“乱码”之中；采用隐藏式水印，让自己可以根据一些点状物跟踪信息等。

攻击者也会使用隐藏手段，如攻击成功后会加密传输回去内容；将恶意代码隐藏在系统较为隐蔽的地方，或者起一个具有迷惑性的名字；使用隐蔽通道传递信息；使用隐写术，将信息夹带在看似普通的图片、音乐或其他文件中。当然，仅仅隐藏是不够的，比如，密室一旦被人发现就会被进入，“维护钩子”（一个隐藏的URL）迟早会被发现，比较好的做法是在隐藏的基础上做好深度防御。

### （三）隔离

隔离是最常用的控制措施，主要是通过区域划分，将客体限制（confine）在一定的界限（bound）之内。隔离在多个层面都可以展开，比如，物理层可以使用围墙和栅栏等，网络层可以使用防火墙，云平台层可以使用相互隔离的虚拟机，操作系统层可以使用进程间的隔离，CPU层可以使用多环设计，应用层和数据库层面也都可以使用多种隔离技术等，将不同的用户限制在不同的活动范围内。

## 四、“自上而下”思维

这个世界上，许多事物都是自下而上发展的，但网络安全管理要“自上而下”。

从业务角度，人们更倾向于信息共享，一旦信息流通受阻，人们就会想出各种办法“绕”过去。只有网络安全事件导致人们利益受损时，人们才会重视网络安全管理。这里需要注意的是，相较于管理人员和运维人员，开发人员往往更缺乏安全思维，原因在于开发人员的首要任务是实现功能性需求，在非功能性需求中，他们首先关注的是速度性能，除此之外，他们也会关注易用性、可用性，但主动关心安全性的比较少。

一个中大型组织必须设立独立部门和专人负责网络安全管理，否则就会出现各行其是、缺乏规划等问题，就会出现无人管理地带，进而影响整个组织活动，组织内通常需要建立至少两个层次的安全协调机制，比如，在组织顶层和科技部门都要有专门的领导负责，以实现跨部门跨团队的协调等。

“自上而下”思维还体现在系统建设和安全措施的“同步规划、同步建设、同步使用”上，即在项目一开始就要有顶层设计，而不是事后再补。同样，SDL也是“自上而下”思维的体现，安全要贯穿系统开发全过程。

## 第三节　网络安全风险评估

### 一、相关概念

风险评估的目的是识别系统面临的威胁（Threat），判断这种威胁转变成现实后可能带来的影响（Impact），判断这种转变的可能性

（Probability）或难易度。风险（Risk）是威胁因素利用漏洞使威胁成为现实，从而让资产受到影响的潜在可能。

换言之，风险是潜在可能，即威胁是风险产生的外因，漏洞是风险产生的内因，两者共同作用产生了风险。不是所有的漏洞都需要被立即消除，只有存在对应的威胁时，该漏洞才会导致风险，但系统的所有漏洞都应该被管理起来，因为环境在变，新的威胁随时可能出现。

威胁因素是威胁的制造者，资产是风险的承担者，影响是威胁转变为现实后对资产的“作用”，攻击是威胁因素让威胁转变为现实并产生影响的方法，漏洞是导致攻击成功的资产的某种内在属性，风险等级（高/中/低）使得人们可以制订相应的风险策略。

## 二、网络安全风险评估的步骤

网络安全风险评估可以在产品开发前期和后期进行。

前期进行主要是为了做安全加固：资产识别/系统分析—威胁分析—识别风险—制定消减措施—产品响应。

后期进行主要是为了做安全测试以检验安全效果：资产识别/系统分析—威胁分析—安全测试设计—安全测试执行—安全问题定级—制定消减措施—产品响应。

下面主要介绍资产识别/系统分析、威胁分析。

### （一）资产识别/系统分析

资产识别是指识别出被评估系统中的关键资产，也就是回答

“需要保护什么”这个问题。一般来说，一个系统的关键资产是这个系统的业务和数据，包括核心业务组件，用户的数据，用于鉴权和认证的密码、密钥等。

系统分析是进行威胁分析的前提，只有充分了解被评估系统的功能、结构、业务流等信息后，威胁分析才有依据。系统分析也为漏洞识别提供需要的输入内容。系统分析的第一个步骤是了解系统及其解决方案对外提供的业务功能，知道系统能够做什么，对被分析系统有一个感性认识，之后通过多个维度对系统进行分解，最后通过业务流将分解后的各组件串联起来，完成“整体—局部—整体”的分析过程。需要注意的是，在进行系统分析前，必须根据项目的目的和限制条件对系统分析进行约束，否则系统分析是完成不了的。

一个安卓指纹认证系统解决方案级的安全评估：做系统分析的时候，需要对整个业务有一个概括理解，并画出总体的系统架构图。这个指纹认证系统涉及安卓系统、App客户端、App后台等，有什么接口、如何交互、关键资产存储在哪里，都需要分析出来。

画完系统架构图后，再根据业务场景或者系统组件来进行多维度细化分析，没有什么固定的分析方法，只要分析清楚就可以。一般来说，可以做以下分析：系统的组网情况分析（处在什么位置/周边系统/……）；硬件架构分析（设备/单板/总线/CPU/……）；软件架构分析（OS/DB/Platform/Web后台/……）；内/外部接口分析（维护接口/业务接口/调试接口/……）；典型业务流程/场景分析（业务场景1/业务场景2/……）；管理/维护场景分析（近端维护场景/远程维护场景/……）；关键事件分析（登录/鉴权/认证/数据读写/……）。

## （二）威胁分析

一般来说，威胁可以从安全三元组来理解——CIA，即机密性、完整性、可用性，威胁分析的作用就是为决策者判断哪些系统漏洞需要优先解决提供依据。

1.对机密性的威胁

如Information Disclosure，即通过嗅探、暴力破解等手段窃取用户身份、认证信息，假冒合法用户访问系统。攻击者非法获得系统中保存的或传输过程中的机密数据，如用户认证信息、用户业务数据、系统代码等。

2.对完整性的威胁

如Tampering with Data，即通过修改发送给系统的数据或从系统收到的数据影响系统业务逻辑，如绕过认证机制、欺骗计费系统、执行越权操作等。

3.对可用性的威胁

如Denial of Service，即通过洪水、畸形报文等攻击手段使系统不能提供正常的服务。

4.对不可抵赖性的威胁

通过修改系统访问日志、审计日志来隐藏攻击痕迹、修改业务行为记录。

威胁分析就是识别威胁，根据威胁的定义，实际上是要识别构成威胁的各组成部分。

对威胁分析的描述，一般如下：攻击者（威胁源），利用××漏洞，通过××方式（攻击界面、攻击手段），对××（关键资产）产生了××威胁（后果）。

威胁分析是整个安全评估过程最难的环节，需要采用多种方法去分析有什么威胁、有什么可能性、有什么攻击面、外部攻击者如何攻击系统、内部攻击者（内鬼）如何攻击系统等。

虽说威胁分析方法有很多，只要识别出威胁就可以，但业界也有一些比较成熟的模型，如X.805分层分析、攻击树模型、微软的STRIDE威胁建模等，这里不再详述。

## 三、网络安全风险评估的转变

网络安全风险评估除了定性安全评估、半定量安全评估、基于业务线LOB的安全评估，还包括合规基线安全评估、基于流程的安全评估、基于应用生命周期的安全评估等。

### （一）由专业性向普及性转变

从职能及技能发展来看，最初网络安全风险评估必须由专业的安全服务团队实施，实施人员需要具备必要的知识、方法与技能，可以说网络安全风险评估是专业性很强的一项工作，一般人员甚至部分网络安全从业者是无法胜任的。经过这些年的发展，随着标准的普及与实践方法的推广，了解、熟悉、掌握网络安全风险评估的人越来越多，网络安全风险评估的理念已经深入人心，网络安全风险评估方法也被越来越多的人掌握与运用。网络安全风险评估已经变成非常基础的必要功能，融入网络安全管理的方方面面。

## （二）由复杂向简单转变

由风险要素模型可以看出，风险的构成必须包含资产、威胁和弱点，三个要素缺一不可。而威胁和弱点的源头，就是资产具有价值，所以早期的风险评估方法都强调先收集资产，再评估资产所面临的威胁和弱点，然后进行风险计算与评价。在早期狭义的网络安全范畴，基于资产进行风险评估是没有问题的，但网络安全的边界越来越模糊，除了资产本身直接面临着很多威胁和弱点，其他领域出现隐患或问题时，资产作为受害者也面临着风险。简单来讲，资产是风险源头时，采用基于资产的风险评估方法可以；资产不是风险源头只是受害者时，采用基于资产的风险评估方法就不合适了。这也是除基于资产的风险评估方法外，还有定性安全评估、基于流程的安全评估等评估方法存在的原因。

当前风险评估的方法与形式并不是重点，因为如何评估风险并不重要，能够抓住风险并以最低成本、最有效的方式解决风险才是根本。

## （三）由周期性任务向安全运营转变

风险评估一直以来都由专职人员使用专业的工具进行，既然是人工评估，就需要周期性地执行，而执行的周期因每个企业具体情况的不同而各有不同，有的企业按周、按月评估，有的企业按季度甚至年评估。既然是人工周期性执行，风险处置的及时性就会受到影响，两次风险评估间隔期就是风险暴露期。在强调主动安全防御的今天，这显然是跟不上形势的。通过安全平台对风险评估进行实时、在线处置，由周期性任务转向安全运营。安全平台建设分为风险基础分析、风险动态监测、安全事件响应三个方向。

1. 风险基础分析

风险基础分析简单说就是把弱点评估从线下搬到线上，通过资产管理平台建立保护对象信息库，包括IP、域名、端口、系统类型等，形成在线风险分析的基础范围。建立漏洞平台，汇聚通用漏洞、特定漏洞、基线配置不当等情报信息，并通过漏洞情报与特定资产自动化匹配，实现资产弱点在线评估与实时告警。

2. 风险动态监测

风险动态监测简单说就是把威胁评估从线下搬到线上，通过安全事件管理平台（SIEM）形成安全威胁在线分析，利用告警合并、关联分析等去重威胁事件并降低误报率，再辅以在线威胁情报、资产信息等，进一步丰富威胁事件描述，实现资产威胁在线分析与实时告警。

3. 安全事件响应

安全事件响应简单说就是实现资产弱点、威胁的自动化、半自动化或人工流程化处置，不管是哪种处置方式，首先需要提高告警准确率（80%以上），并将基于时间的告警排序转变为基于风险的告警排序（先发生的不见得优先处置），只有做到这些，安全处置脚本、安全自动化编排才有实现的可能。

风险评估的平台化、运营化无疑是未来的趋势，基于资产、弱点的风险基础分析误报率低、安全分析成本低，但资产、弱点要素打通比较难，需要一段时间的积累；而基于威胁要素的风险动态监测产品、解决方案比较多，但无法摆脱误报率高、安全分析投入高的困局；安全事件响应的效果取决于风险基础分析与风险动态监测的成熟度。

## 四、应急响应和处理

应急响应是安全从业者常见的工作之一（系统被黑客攻击后紧急救火，PDR模型——防护、检测、响应中的三大模块之一）。很多人可能认为应急响应就是发现服务器被黑客攻击之后，登录上去查后门的那段过程，其实，应急响应的完整定义是组织为了应对突发/重大信息安全事件发生所做的准备，以及在事件发生后所采取的措施。

通俗地讲，应急响应不应该只包括救火，还应包括救火前的一系列准备。如果在工作中忽略了准备部分，可能会出现以下几种情况：不具备基本的入侵检测能力，平时检测不到入侵事件，更谈不上应急响应，有可能被入侵成功很久了却浑然不知，攻击者可能早就在达成目标后悄然离去了；能检测到入侵事件，但没有专门的应急响应小组，资产管理系统也不完善，安全工程师花了很长时间才找到对应的负责人，因响应太迟，攻击者可能在达成目标并擦除痕迹后全身而退了，或者进一步把其他关联的系统一并拿下了；平时无应急响应技能及入侵检测工具包的积累，接到入侵事件的工程师登录到服务器上绞尽脑汁地敲几行命令后，得出“经排查安全”的结论，但真实情况是系统被入侵并植入后门了。

现在各大厂商都成立了相应的安全应急响应中心（SRC），用来接收外部“白帽子”提交的漏洞与威胁情报，虽然叫SRC，但是这里提交过来的漏洞与情报不需要每次都启动应急响应，而是根据漏洞的类型、危害级别判断需不需要启动。SRC是对自己安全团队所做的安全保障工作补充，如果SRC发现漏洞与入侵事件比例很高，安全团队就该好好反思安全工作为什么只治标不治本、频繁被动救火了。

应急响应是既紧急又重要的工作，对工程师的技术与安全意识都有一定的要求，比如，很多安全工程师接到业务系统被黑客攻击的情报后，可能会联系业务负责人要到服务器账户，然后登录到服务器中检查被渗透的痕迹与后门。这段时间非常宝贵，响应太慢可能会使一些本来可以快速平息的安全小事件发酵成造成重大损失的安全事故。

对于应急响应，要先了解应急响应的指导原则与方法，只关注技术的话可能会本末倒置。因网络安全事件的种类和严重程度各有不同，应急响应的处理方式也各不相同，比如DDoS攻击、业务系统被入侵、“钓鱼”邮件的应急响应方式与过程肯定是不同的，被业内广为接受的应急响应模型与方法有PDCERF模型、ITIL中的事件管理与问题管理模块。此外，应急人员还要有较强的入侵检测能力，否则在排查被入侵的系统时，什么也发现不了。在进行代码审计与应急响应等依赖人员技术和经验的工作时，必须采用双人Check机制，最后汇总对比结果，以防遗漏。入侵检测需要检测的项目很多，最好能整理出相应的自动化检测工具，自动给出报告，这样不但可以提高工作效率，而且可以弱化对应急响应人员技术水平的依赖。

## （一）准备阶段

自上而下达成应急响应共识，建立应急响应流程与应急响应小组，由应急响应小组全权负责对紧急安全事件的处理、资源协调工作，应急响应小组成员除了技术负责人，还有公关负责人，在必要的时候根据安全团队的建议对外进行公关。

对于没有条件建立应急响应流程的安全部门来说，最基本的是做好以下准备：至少要有入侵检测的能力（入侵检测系统或SRC接收高危漏洞或情报等）、具备相应技能的应急响应人员，否则登录上去也查不出问题，甚至给出错误的结论，最好能准备一套有效的入侵检测工具；维护各业务系统的资产列表、应急联系人列表，否则出事之后安全工程师找不到相应的负责人配合处理，就会错过最佳处理时机。

## （二）检测阶段

检测的目的是确认入侵事件是否发生，如真发生了入侵事件，评估造成的危害会不会使事件进一步升级，然后根据评估结果通知相关人员进入救火流程。

## （三）遏制阶段

遏制的目的是控制事件影响的范围，防止损失与破坏进一步扩大，避免事件进一步升级。比如，感染蠕虫事件，需要在网络层面封掉其传播的端口，否则安全人员在本台机器杀毒的时候，蠕虫又把其他服务器感染了；对于被黑客攻陷的服务，可以选择第一时间利用ACL、防火墙将攻击者隔离出去，或者关闭服务、拔掉网线等。如果应急响应人员第一时间只想到了查后门和入侵痕迹，那在这个时间段内，攻击者可能已从这台机器转移到其他服务器中了。具体的遏制方式需要应急响应人员根据对业务的影响以及遏制效果综合选择，总之，要以对业务的影响最小、遏制效果最佳为目标。

### （四）根除阶段

根除是找到系统的漏洞并修复，清除掉攻击者的后门等，被装了rootkits（系统权限获取器）的机器，需要重装操作系统，以防查杀不彻底黑客再度进入。

### （五）恢复阶段

根除攻击源、修复系统后要重新上线业务系统，恢复业务系统的连续性，注意，要去掉在遏制阶段添加的一些临时策略。

### （六）跟踪总结阶段

在业务系统恢复后，需要整理一份详细的事件总结报告，包括事件发生及各部门介入处理的时间线、事件可能造成的损失等。复盘安全事件产生的根本原因，根据经验教训进一步优化安全策略。

优化安全策略时，要从技术、人员、管理、工程等多个维度考虑，因为安全本身不是一个纯技术问题，靠技术手段只能解决部分安全问题。

### （七）事件管理与问题管理

事件管理与问题管理是ITIL中的两大核心模块，其对于应急响应同样有重要的参考意义。事件管理的核心思想是快速解决问题，尽快恢复业务系统的可用性，毕竟关键业务系统中断的每一分钟都会给企业带来损失；问题管理的核心思想是从一个或一类事件的处理中总结彻底的解决办法，从根本上杜绝该类事件发生；事件管理与问题管理总是成对出现的，事件管理的输出内容可以作为问题管理的输入内容。

# 第四节　网络安全威胁管理

## 一、防病毒管理

### （一）防病毒管理原则

病毒防御工作遵循“预防为主、综合防御、及时治理”的原则。防病毒产品应选择企业版标准产品，应实现在组织范围内统一部署、统一升级、统一管理的功能需求。购买的防病毒产品必须是国家级权威检测机构认证合格的。

## （二）防病毒系统管理

防病毒系统管理岗位人员负责部署企业版防病毒软件管理服务器。每天应更新并检查病毒库定义的更新情况、分发情况、服务器使用情况等。每季度备份服务器的参数配置文件，备份文件存放位置应和服务器分开。

## （三）服务器病毒防范

所有Windows操作系统的服务器和桌面计算机必须安装指定的防病毒软件客户端并接受管理。防病毒系统管理员应每周检查防病毒软件客户端的安装运行状况，对未安装防病毒软件客户端、病毒库定义未正常更新和防病毒软件客户端不接受服务器管理的计算机，应及时整改。

## （四）邮件系统病毒防范

邮件系统应部署邮件防病毒系统，对接收的邮件进行病毒查杀。邮件防病毒系统的病毒库定义应每天更新一次。防病毒系统管理员应每天检查邮件防病毒系统工作状态和病毒库定义的更新情况。

## （五）互联网病毒防范

互联网出口应部署防病毒网关，对通过网络下载的文件和浏览的网页进行病毒查杀。防病毒网关的病毒库定义应每天更新一次。

防病毒系统管理员应每天检查防病毒网关的工作状态和病毒库定义的更新情况。

## 二、病毒预警与监控

### （一）防病毒系统预警和监控

防病毒系统管理岗人员应在计算机病毒预防的基础上，加强对计算机病毒的预警和监控，通过对防病毒系统日志记录进行分析，及时发现计算机感染病毒的情况。防病毒系统管理岗人员及终端桌面维护管理岗人员应及时处理计算机病毒上报事件，应及时处理病毒引起的异常情况。

### （二）安全漏洞与补丁预警

信息安全管理岗人员应及时发布与病毒有关的最新的安全漏洞、补丁信息，提供目前流行的病毒种类、行为、破坏性等信息，做好安全预报，各系统管理岗人员针对预报安装补丁、设置安全策略和设置病毒监控策略。

### （三）异常流量监控

各系统管理岗人员发现交换机、路由器和防火墙等设备上的异常流量，应及时通知信息安全管理岗人员及防病毒系统管理岗人员。信息安全管理岗人员及防病毒系统管理岗人员应协助排查、分析，对由病毒引起的异常流量，应及时查找、处理病毒源。

## 三、病毒响应与处置

### （一）病毒应急响应预案

防病毒系统管理岗人员应设定计算机病毒应急响应预案，病毒应急响应预案应包括应急准备、事件发现、处理流程和上报流程等。

### （二）病毒事件应急处置

当发生计算机病毒事件时，应根据主机、网络设备和防病毒系统的日志记录，分析病毒事件，按照设定的计算机病毒应急响应预案处理。防病毒系统管理岗人员应及时清除计算机信息系统中的病毒，并采取有效措施防止计算机病毒扩散，降低计算机病毒造成的危害。相关系统管理岗人员和计算机使用人员应协助防病毒系统管理岗人员处理计算机病毒。

### （三）病毒事件分析总结

防病毒系统管理岗人员应对病毒事件进行分析总结，加强预防和监控，防范此类病毒事件再次发生。

## 四、病毒防治教育与培训

防病毒系统管理岗人员应及时学习病毒防治最新技术等前沿信息，加强病毒防治能力。防病毒系统管理岗人员应向各系统管理岗人员和各部门信息安全员提供计算机病毒防治相关知识的培训指导。

信息安全管理岗人员与防病毒系统管理岗人员应对普通员工进行计算机病毒防治教育和培训，宣传计算机病毒防治相关知识，明确防病毒管理要求，包括但不限于：保证使用的计算机系统安装受管理的企业版防病毒软件；不允许关闭计算机系统病毒防护功能等；在计算机系统上装载外部介质或从外部网络获得文件和程序之前，必须进行病毒查杀，确定没有病毒之后才能在系统上使用；不能制造、执行、传播或者引入任何拥有自我复制和破坏功能或者影响计算机软硬件工作的计算机病毒；如果发现计算机感染病毒，必须及时向防病毒系统管理岗人员、信息安全管理岗人员通报情况；等等。

## 第五节　建立网络安全体系

### 一、背景

全球趋势是越来越重视隐私，在安全领域，数据安全这个子领域也重新被提到了一个新的高度。

### 二、概念

这里特别强调一下，隐私保护和数据安全是两个完全不同的概念。

隐私保护对于安全专业人员来说是一个更加偏向合规的事情，主要是指数据收集和数据使用应遵从法律法规。这对很多把自身的营利模式建立在数据之上的互联网公司而言，具有挑战性。

数据安全是实现隐私保护的重要手段之一。数据安全并不是一个独立的要素，而是需要同网络安全、系统安全、业务安全等多种因素联系起来。只有这些方面都做好了，才能最终达到数据安全的效果。

## 三、全生命周期建设

尽管业内也有人表示数据是没有边界的，如果按照泄露途径去“治理”可能起不到“根治”的效果，但事实上以目前的技术是做不到无边界数据安全的。数据泄露有一部分原因是用户会话流量被复制，这是发生频率比较高的安全事件之一，只是很多企业没有感知到。下面从几个维度来说明数据采集阶段的数据保护。

### （一）流量保护

全站HTTPS是目前互联网的主流趋势，它解决的是用户到服务器之间链路被嗅探、流量镜像、数据被第三方掠走的问题。这些问题其实是比较严重的，比如，电信运营商内部偶有舞弊现象，各种插广告（当然也可以是存数据、插木马），甚至连AWS也被劫持DNS请求，掌握链路资源的人，无异于可以发动一次次“战争”。即使目标对象IDC入侵防御做得很好，攻击者也可以不通过正面渗透，而是直接复制流量，甚至定向APT，最终只是看操纵流量是否具有性价比。

HTTPS是一个表面现象，它暗示互联网上任何未加密的流量都是没有隐私和数据安全的，有了HTTPS并不一定安全。HTTPS本身有各种安全问题，比如，使用不安全的协议TLS1.0、SSL3，采用已经过时的弱加密算法套件，还有很多数字证书本身导致的安全问题等。

全站HTTPS的附带问题是CDN和高防IP。曾经有家很大的互联网公司就被NSA嗅探获取了用户数据，原因是CDN回源时没有加密，即从用户浏览器到CDN是加密的，但从CDN到IDC源站是明文的。如果从CDN到IDC源站加密，就需要把网站的证书私钥给CDN厂商，这对没有完全自建CDN的公司而言是一个很大的安全隐患。因此，后来衍生出Keyless CDN技术，无须给出自己的证书私钥就可以实现CDN回源加密。

广域网流量未加密的问题也要避免出现在“自家后院”——IDC间流量复制和备份同步，对应的解决方案是跨IDC流量自动加密、TLS隧道化。

## （二）业务安全属性

从用户到服务器还涉及两个业务安全问题。

第一个问题是账号安全问题，只要账号泄露（撞库&爆破）达到一定数量级，把这些账号的数据汇总一下，就必定可以产生批量数据泄露的后果。

第二个问题是爬虫问题，爬虫的问题存在于一切可通过页面、接口获取数据的场合。对于没有彻底脱敏的数据，爬虫问题所产生的后果有时候等价于“黑掉”服务器。

账号主动或被动地泄露，加上爬虫问题，对业务安全带来极大威胁。

### （三）UUID

UUID最大的作用是建立中间映射层，屏蔽真实用户信息。譬如，在开放平台，第三方应用数据时只能通过UUID，不能直接获取个人的账号信息。UUID更潜在的作用是屏蔽个体识别数据，因为实名制，手机号码越来越能代表个人标识，且一般绑定了各种账号，更改成本很高，一般来说，找到手机号码就能找到相应的个人，因此理论上凡带有个体识别数据的信息都需要"转接桥梁"、匿名化和脱敏。譬如，当商家ID能唯一标识一个品牌或店名的时候，这个原本用于程序检索的数据结构就一下子变成了个体识别数据，需要纳入保护范畴。

## 四、前台业务处理

### （一）鉴权模型

在很多企业的应用架构中，只有在业务处理最开始的部分设置登录校验，后面的业务处理不会再要求用户鉴权，这引发了一系列的越权漏洞。事实上，除越权漏洞外，其危害还包括K/V、RDS（关系型数据库）、消息队列等，RPC没有鉴权可导致任意读取安全问题的出现，意思是只知道数据读取请求来自一个数据访问层中间件，来自一个RPC调用，但不知道是来自哪个用户还是哪个其他上游应用，无法判断对当前的数据（对象）是否拥有完整的访问权限。绝大多数互联网公司都用开源软件或修改后的开源软件，它们的特点是基本不带安全特性，或者只具备很弱的安全特性，以至于完全不适用于海量IDC规模下的4A模型（认证、授权、管理、审计）。对于业务流的鉴权模型，本质上需要做到Data和App分离，建立Data默认不信任App的模型，全程Ticket和逐级鉴权是具体的实现方法。

### （二）内网加密

一些业界巨头甚至在IDC内网里做了加密，后台组件之间的数据传输都是加密的，如Google的RPC加密和Amazon的TLS。IDC内网流量比公网大得多，这就对工程能力提出较大考验。对于大多数对主营业务迭代感到有压力的公司而言，这个需求可能有点苛刻，但内网加密确实非常重要。

### （三）数据库审计/数据库防火墙

数据库审计/数据库防火墙是一个入侵检测/防御组件，是一个强对抗领域的产品，在数据安全方面它的意义也是十分明显的：防止SQL注入批量拉取数据；检测API鉴权类漏洞和爬虫访问。

除此之外，对数据库的审计还有一层含义：内部人员对数据库的操作，要避免某个RD或DBA为了泄愤把数据库拖走或者删除等危险动作。通常，大型互联网公司有数据库访问层组件，通过这个组件，可以审计、控制危险操作。

## 五、数据存储

数据存储之于数据安全最关键的是数据加密。Amazon CTO（首席技术官）曾经总结，AWS所有的新服务，在原型设计阶段就会考虑到对数据加密的支持。国外的互联网公司普遍比较重视数据加密。

### （一）HSM/KMS

当前，业界普遍存在的问题是不加密，或者没有使用正确的方法加密：使用自定义UDF，算法选用不正确或加密强度不合适，或随机数问题，或密钥没有Rotation机制，或密钥没有存储在KMS中等。数据加密要持可信计算的思路，信任根存储在HSM中，加密时采用分层密钥结构，以方便动态转换等。当Intel CPU普遍开始支持SGX安全特性时，密钥、指纹、凭证等数据的处理也将以更加平民化的方式使用类似TrustZone的芯片级隔离技术。

### （二）结构化数据

这里主要是指结构化数据静态加密，以对称加密算法对诸如手机、身份证、银行卡等需要保密的字段进行加密。另外，除了数据库，数仓里的加密也是类似的。比如，在Amazon Redshift 服务中，每个数据块都通过一个随机密钥加密，这些随机密钥则由一个主密钥加密存储。用户可以自定义这个主密钥，这样也就保证了只有用户本人才能访问这些机密数据或敏感信息。

### （三）文件加密

对单个文件独立加密，一般情况下采用分块加密的方法，典型的场景是将手机备份分块加密后存储于AWS的S3，每个文件切块用随机密钥加密后放在文件的Meta Data中，Meta Data再用File Key包裹，File Key再用特定类型的Data Key（涉及数据类型和访问权限）加密，然后Data Key被Master Key包裹。

## 六、后台数据处理

### （一）数仓安全

大数据处理基本是每个互联网公司必需的，数仓通常承载了公司所有的用户数据，有的公司用于数据处理的算力甚至超过用于前台事务处理的算力。以Hadoop为代表的开源平台，本身不太具备很强的安全能力，因此在成为公有云服务前需要做很多改造。在公司比较小的时候，可以选择内部信任模式，不必过于纠结开源平台本身的安全性，但在公司规模比较大，数据RD和BI分析师“成千上万”的时候，内部信任模式就需要被抛弃了，这时候需要的是一站式授权/审计平台。

在这种规模下，工具链的成熟度会决定数据本地化需求，工具链越成熟，数据越不需要落到开发者本地，这样就能大幅提升安全能力。同时，鼓励计算机器化、程序化、自动化，尽可能避免人工操作。对于数据的分类标识、分布、加工，以及访问状况，需要有一个全局的大盘视图，结合数据使用者行为，建立“态势感知”能力。数仓是最大的数据集散地，公司对于数据归属的价值观也会影响数据安全方案的落地形态，如“放逐+检测型”“隔离+管控型”等。

### （二）匿名化算法

匿名化算法更大的意义其实在于隐私保护而不是数据安全，其对于数据安全的意义，是降低数据被滥用的可能性，以及减弱数据泄露后的影响。

## 七、展示和使用

应用系统后台、运营报表以及所有可以展示和看到数据的地方，都可能是数据泄露的重灾区。

### （一）展示脱敏

展示脱敏是对页面上需要展示的敏感信息进行脱敏处理。一种是完全脱敏，部分字段打码后不再展示完整的信息和字段。另一种是不完全脱敏，默认展示脱敏后的信息，但仍然保留查看明细的按钮（API），这样所有的查看明细都会有一条Log，对应审计需求。具体选用哪种脱敏方式，需要对工作场景和效率要求进行综合评估。

### （二）水印

水印主要用在截图场景，分明水印和暗水印，明水印是肉眼可见的，暗水印是肉眼不可见、暗藏在图片里的识别信息。水印的形式也有很多种，有抵抗截屏的，也有抵抗拍照的。这里面涉及很多对抗元素，不再一一展开论述。

### （三）安全边界

这里的边界其实是办公网和生产网组成的公司数据边界，随着办公移动化程度的加深，这种边界进一步模糊化，所以这种边界实际上是逻辑上的而非物理上的。对这个边界内的数据，可使用DLP来检测，DLP这个词很早就有，但实际上它的产品形态和技术已经发生了变化，可用于应对大规模环境下重检测、轻阻断的数据保护。

除了DLP，整个办公网络还常常采用BeyondCorp的“零信任”架构，对整个OA类应用实施动态访问控制，全面去除匿名化访问，全部HTTPS，角色权限最小化，也就是账号即使泄露，能访问到的内容也十分有限。一旦检测到泄露，可提供远程擦除功能。

### （四）堡垒机

堡垒机作为一种备选的方式，主要用于避免在局部场景下操作人员或开发人员将敏感数据下载到本地，这种方法跟VDI类似，使用门槛不高，但不适合大面积推广。

## 八、共享和再分发

业务量较大的公司，数据通常不会只在自己的系统内流转，而是建有开放平台，有贯穿整个产业链的上下游数据应用。此类公司数据安全问题的解决方案常常如下："内核"有限妥协（为保障用户隐私牺牲一部分商业利益）；一站式数据安全服务。

### （一）防止下游数据沉淀

一方面，所有被第三方调用的数据，如非必要，应一律做脱敏和加密处理。如果部分场景有必要查询明细数据，则设置单独的API，并对账号行为及API查询做风控管理。

另一方面，如果自身有云基础设施，有云平台，则可以推动第三方上"云"，从而实现安全赋能，避免一些自身能力不足引起的安全问题；第三方在"云"上集中之后，有利于实施一站式整体安全解决方案（数据加密、风控、反爬和数据泄露检测类服务），大幅度降低外部风险。

### （二）反爬

反爬在这里主要针对的是公开页面信息等，脱敏这件事不可能在所有的环节都做得很彻底，所以即便是通过大量的公开信息，也可以汇聚和挖掘数据，最终形成一些经营数据或辅助决策类数据泄露。

### （三）授权审核

授权审核主要是设置专门的团队对开放平台的第三方进行机器审核及人工审核，禁止"无照经营"的虚假三方，提高恶意第三方接入的门槛，同时给开发者/合作方公司信誉评级提供基础。

### （四）法律条款

所有的第三方接入都必须符合严格的用户协议，满足数据使用权利、数据披露限制和隐私保护要求。

## 九、数据销毁

数据销毁主要是指安全删除数据，这里特别强调容易忽略的备份类数据的安全删除。如果希望做到快速、安全删除，最好使用加密数据的方法，因为在安全删除加密数据时只要删除密钥即可。

## 十、数据的边界

数据治理常常涉及边界问题，不管承不承认，边界其实总是存在的，只不过表达方式不一样，如果真的没有边界，也就不存在数据安全一说。

### （一）企业内部

在不超越网络安全相关法律和隐私保护规定的情况下，企业对内部数据拥有绝对的控制权，这使得企业内部的数据安全建设实际上会转化为一项运营类工作，但对规模比较大的企业而言，光企业内部自治是不够的。

### （二）生态建设

为了让数据安全建设在企业内部价值链之外的部分更加“平坦

化”，大型企业可能需要通过投资、收购等手段获得上下游企业的数据控制权及标准制定权，从而在大生态里将自己的数据安全标准推行到底。如果不能掌控数据，数据安全也就无从谈起。在话语权不足的情况下，现实选择是提供更多的工具给合作方，这也是一种数据控制能力的延伸。

# 参考文献


［1］李瑞生．网络安全防护与管理［M］．北京：中国铁道出版社，2020．

［2］曾凡平．网络信息安全［M］．北京：机械工业出版社，2016．

［3］付忠勇，赵振洲．网络安全管理与维护［M］．北京：清华大学出版社，2009．

［4］中国网络空间研究院，中国网络空间安全协会．网络安全技术基础培训教程［M］．北京：人民邮电出版社，2016．

［5］陆上．基于物联网的计算机网络安全分析［J］．网络安全技术与应用，2022（2）．

［6］董满，罗志坚．大数据时代计算机网络安全管理策略探究［J］．网络安全技术与应用，2022（1）．

［7］易汉超．医院信息系统网络安全问题及对策研究［J］．数字通信世界，2021（10）．

［8］许沙，丁丽华，王鑫．大数据背景下信息通信网络安全管理策略研究［J］．中国设备工程，2021（19）．

［9］韩春杨．计算机网络安全技术在网络安全维护中的应用［J］．电子技术与软件工程，2021（17）．

［10］毛屹威．信息化网络安全管理和防范研究［J］．数字技术与应用，2021，39（1）．

[ 11 ] 王伟. 计算机网络安全技术在网络安全维护中的应用研究 [ J ]. 网络安全技术与应用，2021 ( 1 ).

[ 12 ] 钱小平. 基于协同治理的校园安全管理策略 [ J ]. 电子技术，2021，50 ( 8 ).

[ 13 ] 郝东方. 防火墙在电力企业网络安全管理中的应用 [ J ]. 信息与电脑 ( 理论版 )，2021，33 ( 21 ).

[ 14 ] 王晓静. 云计算技术在计算机网络安全中的应用 [ J ]. 轻合金加工技术，2021 ( 1 ).

[ 15 ] 关天文. 数据加密技术在计算机网络安全管理中的应用研究 [ J ]. 中国管理信息化，2021，24 ( 7 ).

[ 16 ] 赵旭华. 高校计算机实验室网络安全管理研究 [ J ]. 中国教育信息化，2021 ( 1 ).

[ 17 ] 熊琭. 试论大数据时代移动互联网信息安全监管 [ J ]. 网络安全技术与应用，2021 ( 1 ).

[ 18 ] 潘永路. 基于人工智能的网络安全管理研究 [ J ]. 网络安全技术与应用，2021 ( 4 ).

[ 19 ] 王金京. 大数据背景下信息通信网络安全管理策略研究 [ J ]. 数字通信世界，2021 ( 1 ).

[ 20 ] 李明. 网络时代计算机系统的安全管理策略 [ J ]. 中国新通信，2021，23 ( 16 ).

[ 21 ] 李鹏举. 简析大数据背景下信息通信网络安全管理策略 [ J ]. 数字技术与应用，2021，39 ( 5 ).

[ 22 ] 何敏华. 大数据背景下信息通信网络安全管理策略研究

［J］. 中国管理信息化，2021，24（7）.

［23］陈明. 西南空管局管制信息系统网络架构设计［J］. 电子技术与软件工程，2021（9）.

［24］农彩勤，刘家豪，陈传才. 探析数据挖掘在电力信息系统网络安全中的应用［J］. 现代工业经济和信息化，2020，10（12）.

［25］孙钢，姚一杨，宫飞翔，等. 基于大数据的电力信息系统网络安全分析［J］. 电子世界，2020（11）.

［26］邹聪. 计算机网络安全技术在网络安全维护中的应用思考［J］. 科技传播，2020，12（1）.

［27］罗奕菲. 网络安全管理在医院计算机应用［J］. 计算机与网络，2020，46（16）.

［28］牛成钊. 大数据时代背景下的网络信息安全与舆情应对分析研究［J］. 信息通信，2020（4）.

［29］祁琪. 浅析大数据时代下政府部门加强网络信息安全的措施［J］. 数字技术与应用，2020，38（5）.

［30］李燕，李策，冯丽丽. 数据挖掘在电力信息系统网络安全的应用［J］. 集成电路应用，2019，36（6）.

［31］李艳，孙宝云，刘崇瑞. 英国网络安全人才培养机制及其对我国的启示［J］. 电子政务，2019（5）.

［32］谢世春，陈露，李继扬. 大数据时代下计算机网络信息安全问题［J］. 电子技术与软件工程，2019（19）.

［33］高翔，陈贵凤，赵宏雷. 基于数据挖掘的电力信息系统网络安全态势评估［J］. 电测与仪表，2019，56（19）.

# 后 记

时光荏苒，转眼间，本书的撰写工作已经接近尾声，此刻笔者内心万分不舍，因为撰写的过程也是笔者对网络安全防护与管理技术研究的思考过程。数月来的心血与努力在这一刻终于得以完成，笔者又倍感欣慰。同时，这本书的完成得益于笔者在撰写过程中得到了家人与其他研究者的支持，在此表示深切感谢。

网络安全问题是当今互联网时代一个不可回避的问题，网络安全威胁的出现往往让人猝不及防，并且给社会、集体和个人造成难以挽回的损失。然而，由于网络安全的特殊性，无法一劳永逸地解决该问题。因此，只有不断追寻网络安全发展过程中的新趋势、新技术，以及对新网络安全威胁时时保持高度警惕的态度，才能在网络安全威胁出现时不慌不乱，并将影响以及损失降到最低。

在最后，笔者希望以自己的绵薄之力，为我国网络安全防护与管理事业做出一定贡献。本书在内容与观点等方面可能还存在一些问题，但相信它能起引玉之砖的作用，能够开阔读者的眼界和激发学者争鸣的兴趣。